图4　背负式机动喷雾机麦田作业

图5　担架式机动喷雾机（扬家梁摄）

U0208791

图6　有气流辅助的大田喷杆式喷雾机

图7 扇形雾喷头喷雾

图8 牵引式高压动力喷雾机作业

图9 车载式高压动力喷雾机在园林作业

2

图10　推车式高压动力喷雾机作业

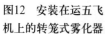

图11　安装在运五飞机上的狭缝式扇形雾喷头喷雾状况

图12　安装在运五飞机上的转笼式雾化器

3

图13　在配药池里配药

图14　直升机
喷洒作业

图15　超轻型
飞机在进行超
低容量喷雾

4

图16 在棉田用氧化镁薄板采集雾滴

图17 手摇喷粉器麦田作业

图18 背负式弥雾喷粉机的田间喷粉状态

图 19　草坪颗粒撒施技术

图 20　土壤覆膜熏蒸
消毒（苗圃）

图 21　燃放烟剂农药防治松树害虫

图 22　热烟雾机喷药防治橡胶白粉病

图 23　热烟雾机在仓库中作业

7

图 24　树干自注入法

图 25　在果园喷洒百草枯的除草效果

8

"帮你一把富起来"农业科技丛书

农药识别与施用方法

（修订版）

徐映明　编著

金盾出版社

内 容 提 要

本书由中国农业科学院植物保护研究所徐映明研究员编著与修订。本书自 2000 年出版以来，重印 7 次，发行 6 万册，受到广大读者的欢迎。修订版根据施药方法研究的新技术成果，对原书稿做了修订。全书内容包括：合格农药的识别、喷雾法、喷粉法、施粒法、熏蒸法、熏烟法和烟雾法的施药机械和操作方法。本书内容新颖，比较系统全面，技术实用，通俗易懂，适于农民和基层植保人员阅读，也可供农业院校相关专业师生阅读参考。

图书在版编目(CIP)数据

农药识别与施用方法/徐映明编著. —修订版 . —北京：金盾出版社,2007.6

("帮你一把富起来"农业科技丛书/刘国芬主编)

ISBN 978-7-5082-4534-8

Ⅰ. 农… Ⅱ. 徐… Ⅲ. 农药施用 Ⅳ. S48

中国版本图书馆 CIP 数据核字(2007)第 042889 号

金盾出版社出版、总发行

北京太平路 5 号(地铁万寿路站往南)

邮政编码：100036 电话：68214039 83219215

传真：68276683 网址：www.jdcbs.cn

彩色印刷：北京精彩雅恒印刷有限公司

黑白印刷：北京金盾印刷厂

装订：永胜装订厂

各地新华书店经销

开本：787×1092 1/32 印张：6 彩页：8 字数：126 千字

2009 年 6 月修订版第 12 次印刷

印数：101001—131000 册 定价：10.00 元

(凡购买金盾出版社的图书，如有缺页、倒页、脱页者，本社发行部负责调换)

序

随着改革开放的深入和现代化建设的不断发展,我国农业和农村经济正在发生新的阶段性变化。要求以市场为导向,推进农业和农村经济的战略性调整,满足市场对农产品优质化、多样化的需要,全面提高农民的素质和农业生产的效益,为农民增收开辟新的途径。农村妇女占农村劳动力的60%左右,是推动农村经济发展的一支重要力量。提高农村妇女的文化科技水平,帮助她们尽快掌握先进的农业科学技术,对于加快农业结构调整的步伐,增加农村妇女的家庭收入具有重要意义。

根据全国妇联"巾帼科技致富工程"的总体规划,全国妇女农业科技指导中心为满足广大农村妇女求知、求富的需求,从2000年起将陆续编辑出版一套"帮你一把富起来"科普系列丛书。该丛书的特点:一是科技含量高,内容新,以近年农业部推广的新技术、新品种为主;二是可操作性强,丛书列举了大量农业生产中成功的实例,易于掌握;三是图文并茂,通俗易懂;四是领域广泛,丛书涉及种植业、养殖业、农副产品加工等许多领域,如畜禽的饲养管理技术、作物的病虫害防治、农药及农机使用技术以及农村妇幼卫生保健等。该丛书是教会农村妇女掌握实用科学技术、帮助她们富起来的有效手段,也是农村妇女的良师益友。

"帮你一把富起来"丛书由农业科技专家、教授及第一线的科技工作者撰稿。他们在全国妇女农业科技指导中心的组织下,为农村妇女学习农业新科技、推广应用新品种做了大量的有益工作。该丛书是他们献给广大农村妇女的又一成果。我相信,广大农村妇女在农业科技人员的帮助下,通过学习掌握农业新技术,一定会走上致富之路。

沈淑济

2000年10月

沈淑济同志任全国妇联副主席、书记处书记

目　录

第一章　合格农药的识别

农作物从种植到收获、贮藏过程中,因受病、虫、草、鼠危害而损失巨大。1994 年有人统计,世界农作物如果不实施植物保护,其产量仅是潜在产量的 30%;经植物保护后,产量可增加到 58%。也就是说,农作物实施植物保护后,可增加的潜在产量约 27.7%,其中除草后挽回 16.4%,除虫后挽回 7.1%,灭病后挽回 4.2%。据估计,我国农业生产因病、虫、草、鼠害的损失也很严重:粮食至少损失 10%～15%,棉花损失 15%,水果和蔬菜损失高达 20%～30%。由此可见,实施植物保护在提高单产中的重要性,而施用农药则是植物保护中最为关键的手段之一,农药是保证农业单产的重要物资。

然而,假、劣农药既不能防治病、虫、草、鼠害,对农作物起到保护作用,还可能造成药害,使农产品减产和品质下降。

对于假农药和劣质农药,除执法部门严加查处外,使用农药者也要提高识别能力,以免上当受骗。什么是真农药、假农药或劣质农药?通过学习,掌握相关知识,人人都能识别。

一、农药的定义及其适用范围

(一)什么是农药

农药的含义及其包括的内容,不同时期有所不同,不同国家也有所差异。在我国,1997 年 5 月 8 日国务院发布的《中华人民共和国农药管理条例》，对什么是农药作了明确的规定，即农药是指具有预防、消灭或者控制危害农业、林业的病、虫、草、鼠和其他有害生物以及能调节植物、昆虫生长的化学合成或者来源于生物、其他天然物质的一种或者几种物质的混合物及其制剂。

根据上述规定，以下几类药剂不属于农药：①用于养殖业防治动物体内外病、虫的药剂属兽药。②为农作物提供常量、微量元素促进植物生长的药剂属肥料，用于拌种的称种肥，用于叶面喷洒的称叶面肥。③用于加工食品防腐的称防腐剂，属于食品添加剂。④用于杀灭人或畜禽生活环境中的细菌、病毒等有害微生物的药剂属卫生消毒剂。

(二)农药的适用范围

农药广泛用于农业、林业生产的全过程，也用于环境和家庭除害防疫。根据需要，具体可用于下列目的和场所：①用于农业、林业中种植业(包括牧草、药用植物、花卉、园林等)防治病、虫(包括线虫、螨、蜱)、草、鼠和软体动物等有害生物。②用于调节植物、昆虫的生长发育。③用于预防、消灭或者控制仓贮病、虫、鼠等。④用于预防、消灭或者控制人或畜禽生活环境中的蚊、蝇、蜚蠊(蟑螂)、臭虫、鼠和其他有害生物。⑤用于防治河流堤坝、铁路、公路、机场、建筑物、高尔夫球场和其他场所的有害生物，主要是指杂草、白蚁以及衣物、文物、图书等的蛀虫。

农药用于有害生物的防除称为化学防治或化学保护，用于植物生长发育的调节称为化学调控。

(三)什么样的农药称为假农药、劣质农药

《农药管理条例》明确规定:禁止生产、经营和使用假农药和劣质农药。

下列农药为假农药。

第一,以非农药冒充农药或者以此种农药冒充他种农药的,这里包括国家正式公布禁用的农药,因其已不能作为农药使用。

第二,所含有效成分的种类、名称与产品标签或者说明书上注明的农药有效成分的种类、名称不符的。

下列农药为劣质农药:一是不符合农药产品质量标准的;二是失去使用价值的;三是混有导致药害等有害成分的。

凡生产、经营假农药、劣质农药的,由农业行政主管部门或其他有关执法部门没收假农药、劣质农药和违法所得,并处以罚款,情节严重的,由农业行政主管部门吊销农药登记证或者农药临时登记证,由国家发改委吊销农药生产批准证书或农药生产许可证。构成犯罪的,依法追究刑事责任。

凡经有关部门认定,具有制售假劣农药行为的企业,在5年内不得申请生产农药。

二、农药应有三证

(一)农药三证指的是什么

农药"三证"指的是农药生产批准证书或农药生产许可证、农药标准和农药登记证。三证以产品为单位发放,即每种农药产品,同一种农药产品不同厂家生产,都有各自的三证。

每个农药企业的每一种农药产品,在农药标签上须有三证的3个号。农药企业三证不齐或冒用其他农药产品的三证,或冒用其他厂家的三证,属违法行为,产品属伪劣假冒范围。

一种农药产品有了三证,但农药企业不按三证中规定的技术要求组织生产,产品质量达不到三证的有关规定,产品即为劣质农药,由此造成不良后果,生产厂要负法律责任。

国家工商行政管理局和农业部于1995年4月7日联合发布的《农药广告审查办法》把三证列为必审内容之一。新闻和声像媒体在宣传报道农药产品时亦须注意三证齐全。在报道正处于研制阶段的农药产品(品种)成果,虽无三证问题,仍应明确指出该成果尚处在研究试验时期,以免让用户误认为其已达到三证齐全的商品生产阶段。

(二)农药生产批准证书

农药属于精细化工产品,生产农药的企业需要具备特定的厂房、生产设施、技术人员和技术工人、卫生环境及管理制度,方能保证产品质量,并且全国范围内生产厂点应该合理布局,控制生产厂点和生产数量。因此,开办农药生产企业(包括联营、设立分厂和非农药生产企业设立农药生产车间)须经过审查和批准的程序,经国家发改委审核批准,发给农药生产批准证书或农药生产许可证。农药生产厂分为农药原药合成厂、农药制剂加工厂和农药分装厂3类,均须由国家发改委核准并发给农药生产批准证书或农药生产许可证。未获国家发改委发给农药生产批准证书或农药生产许可证的企业,不得生产农药。

农药企业获得农药生产批准证书或农药生产许可证后,

每出产 1 种农药产品,还要经省(市)有关行政主管部门审查上报,由国家发改委审核批准,发放该农药产品的生产批准证书或农药生产许可证方能投产。产品的内包装和外包装的标签上,应标明农药生产批准证书或农药生产许可证的编号及有效期。

进口农药因不是在境内生产,故无农药生产批准证书或农药生产许可证号。

未按照农药生产批准证书或农药生产许可证的规定,擅自生产农药的,责令停止生产,没收违法所得,并处罚款;情节严重的,由原发证机关吊销农药生产批准证书或农药生产许可证。

假冒、伪造或者转让农药生产批准证书或农药生产许可证的,由原发证机关收缴或吊销农药生产批准证书或农药生产许可证,没收违法所得,并处以罚款;构成犯罪的,依法追究刑事责任。

任何单位和个人不得生产未取得农药生产批准证书或农药生产许可证的农药。未经批准、擅自开办农药生产企业的,或者未取得农药生产批准证书或农药生产许可证擅自生产农药的,责令停止生产,没收违法所得,并处以罚款。

(三)农药标准

农药标准是农药产品质量技术指标及其相应检测方法标准化的合理规定。它是经过标准行政管理部门批准并发布实施,具有合法性和普遍性。通常作为生产企业与用户之间购销合同的组成部分,也是法定质量监督检验机构对市场上流通的农药产品进行质量抽查检验的依据,还是发生质量纠纷时仲裁机构进行质量仲裁的依据。某厂某个农药产品在商业流通和农业使用过程中,如发生质量指标未达到农药标准规定的技术要求,则属于不合格的劣质农药,厂家应负责产品的善后处理,并赔偿买方(用户)相应的经济损失。

我国的农药标准分为 3 级:企业标准、行业标准和国家标准。

企业标准由企业制定,经地方技术监督行政部门批准后由企业发布实施。企业标准是农药新产品中试鉴定、登记、投产的必备条件之一。企业标准只适用于制定标准的那家企业,其他厂家不能套用。

行业标准由全国农药标准化技术委员会审查通过,由国家发改委批准并发布实施。当一种农药产品已不是一家生产,而是多家生产时,须制定行业标准。一种农药产品的行业标准一经批准颁布,国内各有关生产厂家必须遵照执行,原制定的企业标准即予停止使用。

国家标准由全国农药标准化技术委员会审查通过,由国家技术监督局批准并发布实施。当一种农药产品质量进一步提高并稳定后,应不失时机地制定国家标准。国家标准为国内最高标准,其技术指标相当或接近国际水平。

农药的每一个商品化原药或制剂都必须制定相应的农药标准。企业标准、行业标准和国家标准都有编号,农药产品标签上必须注明标准号。没有标准号的农药产品,不得进入市场,农药经营单位禁止收购和销售。

在农药标准中规定有农药产品质量保证期。农药产品自工厂生产包装之日到没有降质降效的最后日期的这段时期叫质量保证期。

农药属于常年生产、季节性使用的产品。当年秋后生产的农药,待翌年使用,若第二年没使用,就要留到第三年使用。

因此,农药产品质量保证期至少是 2 年。从生产包装之日起计算,以出厂日期或生产批号表示。一般采用某年某月某日为生产批号,如 20060818,即是 2006 年 8 月 18 日生产的产品,推算质量保证期满之日为 2008 年 8 月 18 日。有的在农药标签上直接标明"质量保证期×年"或"有效期×年"。

在质量保证期内,农药产品质量不能低于农药标准中规定的各项技术指标值。使用者按农药标签上的防治对象、施药方法和使用浓度(或剂量)等各项规定应用,应能达到预期的防治效果,而且不会发生药害。

过了质量保证期的农药产品,要停止出库销售;经省级以上农药检定所检验,符合农药产品质量标准的,可以在规定限期内销售,但是,必须注明"过期农药"字样,附有使用方法和用量说明;经检验不符合农药产品质量标准的,属劣质农药,需进行销毁处理。凡销售过期劣质农药或未注明"过期农药"字样的超过产品质量保证期农药的,由执法部门没收劣质农药和违法所得,并处以罚款。

进口农药没有农药标准号。

(四)农药登记证

农药既是农业生产中的救灾物资,必须具备一定的质量要求,以确保药效,防止药害;农药又是有毒物质,在生产、流通、使用过程中对人、畜的安全,在使用后对环境(水、土、空气、动植物等)的影响,均应有严格的要求。为此,农药在投产、进入市场之前,生产厂家必须向国家主管农药登记机构(农业部农药检定所)申请登记,经审查批准发给农药登记证后,才能组织生产和销售。进口的农药也必须进行登记。任何单位和个人,不得生产、经营、进口或者使用未取得农药登记证的农药。

我国农药登记制度始于 1982 年。农药登记分为临时登记和正式登记两种。临时登记是在田间药效试验后，需要扩大田间试验示范、试销的农药或者在特殊情况下需要使用的农药。由生产者申请，经农业部同意发给农药临时登记证后，可在规定的范围内进行田间试验示范、试销。临时登记证有效期为 1 年。临时登记证号由大写字母 LS 和顺序号组成，例如 LS 20021902；卫生杀虫剂临时登记证号由大写字母 WL 和顺序号组成，例如 WL 200403。正式登记是经田间试验、示范鉴定，可以作为正式商品流通的农药，由生产者申请正式登记，经农业部发给农药登记证。取得正式登记证的农药，可在全国销售。正式登记证有效期为 5 年。正式登记证号由大写字母 PD 和顺序号组成，例如 PD 20040242；卫生杀虫剂正式登记号由大写字母 WP 和顺序号组成，例如 WP 72－2000。

农药登记证或者农药临时登记证由农业部发放，其他任何机构无权发放农药登记证或者农药临时登记证。如果市场上出现不是由农业部发给的农药临时登记证及编号，均属无效。

当农药登记证有效期到期，需要继续生产或继续销售的农药产品，应在登记有效期限届满前申请续展登记。农药登记证有效期限届满未办理续展登记，擅自继续生产该农药的，责令限期补办续展手续，没收违法所得，并处罚款；逾期不补办的，由原发证机关责令停止生产、经营，吊销农药登记证或农药临时登记证。

在农药登记证有效期限内改变剂型、含量或者使用范围、使用方法的，均需申请变更登记。否则，为登记证超范围使用，属违法行为。

任何单位和个人不得生产、经营、进口或者使用未取得农药登记证的农药。未经登记的农药,禁止刊登、播放、设置、张贴广告。农药广告的内容必须与农药登记证的内容一致。

已经取得农药登记证的农药,在登记有效期限内发现对农业、林业、人、畜安全、生态环境有严重危害的,经农药登记评审委员会审议,由农业部宣布限制使用或者撤销登记。

假冒、伪造或者转让农药登记证或农药临时登记证、农药登记证号或者农药临时登记证号,由农业部收缴或者吊销农药登记证或农药临时登记证,没收违法所得,并处以罚款。

国产农药产品和进口农药产品在我国的登记情况,每季度和每年都有发布。由农业部农药检定所每季度发布登记公告,公布该季度新获准登记的产品名单;每年发布登记公告汇编,公布截止到本年度以前获准登记的产品名单。

农药产品在申请登记之前,由其研制者提出田间药效试验申请,经批准,方可进行田间试验;田间试验阶段的农药不得销售。

三、买农药须三看

(一)一看标签

农药产品包装必须贴有标签。标签应当紧贴或者印制在农药包装物上。标签上应注明农药名称、企业名称、农药三证,以及农药的有效成分、含量、重量、产品性能、毒性、用途、使用技术、使用方法、生产日期、产品质量保证期和注意事项等;农药分装的,还应当注明分装单位。

标签上的防治对象(用途),必须与农药登记证相一致,不得随意扩大。

1. 看标签的完整性 标签应是完整无残缺,字迹清晰,不得破损或者被药剂或雨水等液体污染造成字迹不清。

2. 看农药名称 国家规定每种农药必须有中文通用名称,如百菌清、吡虫啉;也允许生产厂家设立自己的商品名,因商品名有独占性,一厂一名,致使百菌清的商品名有大克灵、达克宁、桑瓦特、古劳优、顺天星1号、霉必清、霜灰净等;吡虫啉的商品名有一遍净、扑虱蚜、蚜虱净、大功臣、铁沙掌、高巧等,令人眼花缭乱。

但是,这里必须提醒农药用户注意,按国家有关规定,商品名后必须注明其有效成分的中文通用名;产品为混剂(复配制剂)的,必须注明其混配有效成分的中文通用名及其各自的含量。

因此,在购买农药时,要看标签上有没有标明中文通用名。标明的才能买,若没有,以不买为妥。

3. 看三证号 国产农药产品必须三证齐全,其中的农药登记证号必须是农业部发给的,其他任何部门发的均属无效。进口农药只有登记证号,没有农药标准号和生产批准证书号或农药生产许可证号。

4. 看有效期 所购农药必须是在质量保证期内的产品或者注明"过期农药"字样的超过质量保证期的产品。

国家规定禁止经营销售产品包装上未附标签或者标签残缺不清的农药。生产、经营产品包装上未附标签、标签残缺不清或者擅自修改标签内容的农药产品的,应给予警告、没收违法所得,并处以罚款。

(二)二看产品外观

为便于使用、充分发挥药效和减少不良副作用,生产厂家将农药加工成多种形态的产品,各种形态的农药产品都具有独自的外观特征,购买时须仔细观察。

1. 乳油(EC) 为均匀透明的油状液体。凡是浑浊、分层或者有沉淀现象的,就是不合格产品。

2. 微乳剂(ME) 为透明或半透明的均匀液体。凡油水分为两层、浑浊或者有沉淀的,就是不合格产品。

3. 水乳剂(EW) 为白色或浅色浓稠状乳液,不透明。凡是液体分层、冻结的,就是不合格产品。

4. 悬浮剂(SC) 为白色或浅色的可流动粘稠状悬浮液。这种药剂容易出现沉淀现象,即随着存放时间的延长,药液上层逐渐变稀而下层变浓稠,甚至沉淀在瓶底结层。这种沉淀如经过摇晃,能再度悬浮起来,呈均匀的悬浮液,仍可视为合格产品;如果这种沉淀经摇晃悬浮不起来,表明上层药液较稀,含农药的量多少也不知道,这就不能使用了。

5. 水剂 为透明或半透明的均一液体,不含固体悬浮物。水剂在低温存放,有时会出现固体沉淀,如果沉淀物的量不多,温度回升后又能再溶化,仍为合格产品,使用后不影响药效;如果沉淀的固体在升温后还不溶化,就属不合格产品,不要购买。

6. 粉剂(DP)和可湿性粉剂(WP) 均为微细的粉末状。不能含有粗粒子,更不可结团成块。

7. 粒剂 按颗粒大小分,有细粒剂(FG)、颗粒剂(GR)和大粒剂(GG)。购买这3种粒剂,要观察粒子破损情况,颗粒破碎后会产生粉末,施撒时粉末飞扬,造成药剂浪费,而且易被人体吸入和污染皮肤造成药害。

8. 种衣剂(PS) 它无特有的加工形态。只是在悬浮剂、可湿性粉剂、粉剂等剂型中增添足量的粘合剂或成膜剂等,使种子在包衣后形成不同厚度的外膜或外壳。因而购买种衣剂时,只能按悬浮剂、可湿性粉剂、粉剂的方法分别观察其外观质量。目前国产的种衣剂大多为悬浮剂型。

9. 烟剂(FP) 目前国产供温室大棚使用的烟剂,多为纸袋包装,或纸袋外加塑料薄膜密封。烟剂在存放过程中极易吸潮,含水量多,发烟慢,形成的烟量少,含水量大于6％时就不能发烟。因此,国家规定烟剂含水量小于3％。购买烟剂农药时要手捏包装袋,检查药品的松软性,不能有因吸潮而结成的颗粒或小硬块。

(三)三看产品内在质量

产品内在质量主要分为物理性状和有效成分含量两个方面。

1. 乳化性能 农药的乳油、水乳剂和微乳剂等剂型是对水配成稀的乳状液使用的,因而这类农药的乳化性能就是一个很重要的质量指标。良好的乳油在滴入水中时即能自行扩散成云雾状,稍加摇动立即成为均匀的乳状液;而乳化性能不良的乳油,滴入水中不能自行扩散,油滴展成片絮状,甚至出现油珠沉底,搅拌也难使其乳化。配成的农药乳状液,随着时间的延长,细小油珠会逐渐聚合为粗大油珠,最后从水中分离出来,所以配成的乳状液还必须有一定的稳定性,如果在喷洒之前油水分层,则不能作喷雾用。

检查乳油类农药乳化性能的方法,按国家规定的标准方法,必须在有条件的实验室里进行,在农家是无法进行的。这里介绍一种能在田头进行检验的方法：玻璃杯（高筒状最好，或无色透明的油瓶）内装1升水（配药要用的水），滴加1克乳油，如能自动扩散成白色乳状液，乳化性能就好；搅拌均匀后，静置半小时，液面无浮油、底部无沉油或固体沉淀，就是好的乳剂。

另外，从配成的乳状液的外观就可以判断乳油的乳化性能。乳油在水中的分散度是很高的，油珠直径一般都在5微米以下。当油珠直径为1～5微米时，乳状液外观呈白色半透明；0.1～1微米时呈蓝色半透明；0.05～0.1微米时呈灰色半透明；小于0.05微米时呈透明状，乳化分散性能最好。有些农药，如乐果、敌敌畏的乳油，加入水中，其有效成分已溶解于水而成为无色透明或近似透明的真溶液，也是好的乳状液。在应用时，人们往往有一种错觉，认为能使水变成浓乳白色的就有"劲"，而实际上它仅是粗乳化的表现，并不是最好的。一般地说，在表面无漂油、底部无底油的情况下，乳状液的色浅些，表明乳化性能更好。

配成的乳状液由喷雾器喷出后，每个雾滴里含有数个小油珠（图1-1），落在农作物、虫体、病菌、杂草的表面上，水分蒸发后，留下的油珠展散开形成油膜。油膜的直径比原油珠大10～15倍，溶在油里的农药就粘在生物体表面上。由此可见，要求乳状液在喷洒前保持乳化性能稳定，附着到生物体上后应随即破坏，形成油膜，发挥药效作用。

2. 湿展性能　常规喷雾的药液在作物体表面形成均匀的液膜覆盖，低容量和超低容量喷雾是雾滴覆盖，每个雾滴在作物的茎叶表面能展散一定的面积。药液形成液膜和雾滴的展散都必须先润湿作物的表面，继而展散开。农药喷洒液的这种润湿展散的能力就叫湿展性能。各种药剂配成的药液可

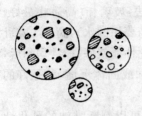

图 1-1 由普通喷雾器
喷出的乳液雾点
（图中的黑点为油珠）

能具有不同的湿展性能,图 1-2 是不同药液在固体表面的湿展现象:a 是药液在固体表面不润湿,保持原来的球形;b 是药液能润湿固体表面,基本不展散;c 和 d 是药液润湿固体表面后能展散,但展散的程度不同。展散的面积大,湿展性能就好。图 1-3 和图 1-4 是湿展性能不同的药液喷洒后在作物叶面上的状况。

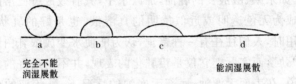

完全不能
润湿展散   能润湿展散

图 1-2 液体在固体表面展散现象
a. 不润湿 b. 润湿,不展散
c. 润湿,展散面积较小 d. 润湿,展散开

图 1-3 所示为湿展性能不好的药液喷洒到作物叶片上容易出现滚落的现象,如同雨点落在荷叶上不能润湿展散,而形成大水滴滚落一样。为此,买来的农药,用于喷雾时,必须检查药剂的湿展性能。这里介绍一个能在田头采用的简便方法:把配好的药液放在 1 个广口瓶中或盆中,摘取作物干叶片数片(注意不要刮擦叶片表面),用手指捏住叶柄,把叶片浸入药液中,经数秒钟后提出观察:叶片沾满药液,表明湿展性能良好;叶片上有药液的液斑,表明湿展性能不佳;叶片上沾不住药液,表明没有湿展能力,这样的农药就不能买。

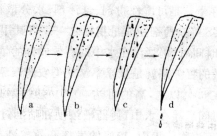

图 1-3　无润湿剂的液体在叶面上的流失现象

a. 雾点在叶面上不能展散　b. 小点滴相结合形成较大的点滴

c. 较大的点滴逐渐自上向下滚落　d. 最后液体自叶面上滚落到地面上

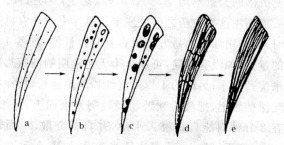

图 1-4　有润湿剂的液体在叶面上的展散现象

a. 雾点在叶面上能展散　b. 点滴在叶上展散成
较大的面积　c. 展散的面积逐渐扩大　d. 展散
的面积逐渐扩大连片　e. 最后叶面完全被液体覆盖

　　湿展性能是可湿性粉剂、悬浮剂等类农药的一个重要质量指标,湿展性能不合格的产品属劣质农药。

　　国产可湿性粉剂,有的湿展性能不够好;可溶性粉剂 SP 和水剂中大多没有加入润湿剂(即能使药液在生物体表面湿展的物质),如杀虫双水剂、敌百虫晶体等,喷药前必须预先检查其湿展性能,如湿展性能不够,可加入洗衣粉,加入量一般为药液量的 0.03%～0.1%。

3. 悬浮率 是可湿性粉剂、悬浮剂、水分散粒剂 WG、微囊悬浮剂 CS 等农药剂型质量指标之一。将其用水配成悬浮液,经一定时间后,仍悬浮在水中的有效成分的量占原样品中有效成分量的百分率就是悬浮率。这类农药产品的悬浮率暂定至少应在 50％以上,高的可达 90％。悬浮率高,药剂的粒子能较长时间悬浮在水中,使药液浓度在喷洒过程中前后一致,均匀覆盖生物体表面,较好的发挥药效。悬浮率低,则表明有较多的药剂粒子沉底,上层药水中药剂粒子少,这样就造成先喷出的药水有效成分低,后喷出的药水有效成分高,在作物体上沉落的药量不均匀,药效不好,甚至产生药害。因此,在购买或使用这类农药之前应测定其悬浮率。在农村测定有困难时,可采用如下简易方法检查其悬浮性能:准备 1 只 200 毫升的量筒(如没有量筒,可用 1 个无色透明的酒瓶),装满准备用来配药的水;另取约 1 克可湿性粉剂的药粉,放在折卷起来的光滑的纸上,把药粉顺纸卷轻轻倒入水面上,仔细观察。药粉在 2 分钟内能自行浸入水中,并自行分散,一面慢慢下沉,一面向四面扩散,形成浑浊悬浮液,稍加搅动后,放置半小时,上层不出现清水层,筒底不出现厚的沉淀或只有很薄一层沉淀物,则表明悬浮性能良好。药粉在水面结成团漂着,或只有较粗大的团粒很快沉入水底而不能在水中扩散,经搅动也不能分散悬浮到水中,则表明悬浮性能极差,不能对水喷雾(图 1-5)。

悬浮剂在存放过程中,上层逐渐变稀,下层变浓稠,甚至出现沉淀,经摇动后若沉淀仍可悬浮起来,还是可以使用的。若结成硬块,用棍棒都搅不散,就不能用了。检查悬浮剂的悬浮性能,方法与可湿性粉剂相同。

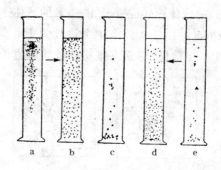

图 1-5　质量不同的可湿性粉剂的分散状态

a、b. 分散良好　c. 不分散　d、e. 分散不良

4. 粉粒细度　用于对水配成悬浮液喷洒的可湿性粉剂、悬浮剂、水分散粒剂,以及用于喷粉的粉剂,喷施到作物或虫体、菌体、杂草的表面上,都是以细小的粉粒状态发挥其药效,因此都需要有一层均匀的覆盖,才有利于发挥作用。影响粉粒覆盖均匀度的因素,主要是药剂的粉粒细度。

粉粒细度以药剂的粉粒能通过一定筛目的百分率表示。筛目表示筛子(或罗)孔眼的细度。一种粉剂,如 100% 通过 200 号筛目,粉粒直径均小于 0.075 毫米,大部分粉粒的直径在 0.05 毫米以下;通过 400 号筛目,粉粒直径均小于 0.038 毫米,称为超筛目粉粒。一般筛面的面筛约为 70 号筛目,罗眼的直径约为 0.2 毫米。图 1-6 表示 25 号筛目的筛网细度,由此可知 200 号和 400 号筛目筛眼细小的程度。

单位重量的药剂,其粒子越细,粒数越多,覆盖的面积就大而匀(图 1-7)。图 1-8 是将 1 个直径 200 微

图 1-6　25 号的筛网

米(0.2毫米)的球体粉碎成直径40微米的球体125个后,表面积增加的情况。图1-9是将1个边长为100微米(0.1毫米,稍小于150号筛目)的立方体粉粒破碎成边长为10微米

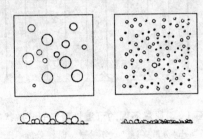

图1-7 粗细不同,沉积重量相同的
粉剂在叶面分布的情况

的粉粒时,就有粉粒1 000个,覆盖面积可由10 000平方微米增加到100 000平方微米,与病虫草可能接触的面积提高10倍,因而大大增加了防治效果。

（放大55倍）

图1-8 直径200微米的球体粉碎成直径40
微米球体后表面积增加的情况

细粉粒的药效高。触杀性杀虫剂的粉粒越小,单位重量的药剂与虫体接触的面积越大,触杀效果越强。一般害虫的咽喉直径只有数十微米,较大的粉粒往往被害虫拒绝取食,细小粉粒易被害虫取食,吃进消化道也易于溶解吸收而发挥毒效作用。病菌孢子很小,又不能在作物表面自主移动,更需要撒布均匀的细粉粒,方能收到预期的防治效果。如图1-8和图1-9所示,细小的粉粒在杂草体上能覆盖较大的面积,就能

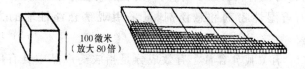

100微米
（放大 80 倍）

**图 1-9　边长 100 微米的立方体粉碎成边长 10 微米
的立方体后表面积增加的情况,覆盖面积
由 10 000 平方微米增加到 100 000 平方微米**

较好地杀死杂草。

由此可见,粉粒细度是粉剂、可湿性粉剂、悬浮剂等剂型
农药的一个重要的质量指标,粉粒细度不合格的产品属劣质
农药。测定粉粒细度的方法很多,一般是采用过筛法。粉剂
类农药制剂多采用湿筛法或干筛法测定,并规定筛过后留在
筛上粉粒的有效成分总量不能大于样品标明含量的 2%～
5%。对可湿性粉剂、悬浮剂规定用湿筛法测定。湿筛法是将
适量的(一般是 20 克)农药样品先用少量水搅成悬浊状,全部
倒入 325 号筛目的筛中,再用内径 9～10 毫米的橡皮管导出
的自来水冲洗,直到通过筛的水清亮透明,没有明显的悬浮物
存在为止,最后将留在筛上剩余物烘干、称重、计算剩余物重
量占原样品重量的百分率。干筛法是将 20 克粉剂均匀分散
在 200 号筛目的筛子上,装上筛底和筛盖,振筛 10 分钟,停止
振筛,打开筛盖,用毛笔轻轻刷开形成的团粒,盖上盖子,再筛
20 分钟,如此重复,一直到筛上的剩余物的重量比前一次减
少小于 0.1 克为止,最后把筛上剩余物称重,计算其占样品重
量的百分率。在农村如没有 200 号或 325 号筛目的筛子,可
以在保证安全的情况下,用以下简易方法进行测定:粉剂农
药,可用大拇指和食指捏住少量药粉,轻轻捻动,直到捻完全

部药粉时没有颗粒硌手的感觉,则表明粉粒很细,产品基本合格;对可湿性粉剂和悬浮剂,可采用观察悬浮性能的方法进行。

5. 有效成分含量 有效成分是指农药产品中具有生物活性的物质。生物活性是指对病、虫、鼠、草等有害生物的防治作用或对农作物生长发育的调节作用。有效成分含量是农药产品标准中最重要的质量指标,以质量百分数、克/千克或克/升表示,如40%氧乐果乳油就是表示产品有效成分含量为40%。农药产品中所含有效成分的种类、名称与产品标签上注明的有效成分的种类、名称不相符的属假农药;标签上不标明有效成分种类、名称的产品,因不知道它是什么农药,是不是农药? 就不要购买和使用,以免上当受骗。

农药产品中有效成分的含量比标签上标明含量低的属劣质农药,使用后达不到应有的防治效果。某些劣质农药往往就是用降低有效成分含量来牟取暴利的。对于除草剂,有效成分含量不能低也不能高。含量过高的除草剂往往容易造成农作物的药害。所以对于除草剂产品的有效成分含量限制很严格,规定了上限和下限。例如,38%莠去津悬浮剂标准规定有效成分含量为 $38.0\begin{smallmatrix}+2.0\\-1.0\end{smallmatrix}\%$,即为37%～40%,低于37%的为不合格产品,超过40%的也是不合格产品,均为劣质农药。

农药有效成分含量的测定方法是比较难的,有的还很复杂,且一种农药一个测定方法,因而一般用户是无法进行的。若对某个农药产品的有效成分的种类和含量有较大怀疑,应委托有关技术单位进行化验。如果委托化验不方便,用户也可做初步的药效试验:按农药标签上注明的防治对象、用药量、使用方法进行施药,观察防治效果。若药效显著的低,甚至无防治效果,这就可能是有效成分含量不够。

(四)消费者应自我保护

近年来,在经济利益的驱使下,伪劣农药无缝不钻,广大农民在购买农药时要有自我保护意识,必要时拿起法律武器同伪劣农药作斗争。选购农药时除须三看外,还应注意以下3点。

1. 选择经销商家 一定要到有合法经营许可证或营业执照的农药经销单位去购买,不要去非法经营的店铺去购买。

2. 选择农药生产厂家 根据历年国家农药质量抽查结果,大、中型农药生产企业的农药产品质量合格率高,信誉好,应尽量选购这类企业的产品。对于同类农药产品中价格明显低于别厂产品的,购买时要谨慎,不应只图便宜。

3. 保留证据 主要指四个方面的证据。一是发票,其上有经销商店名称、购药日期、购药种类及数量等信息,当农药质量出现纠纷时,它往往是解决问题的关键证据之一;二是标签,其上有农药产品名称、生产厂家、出厂日期、适用范围、使用方法等证据;三是农药样品,未用完的农药样品,连同原包装一同保存,当农药质量出现纠纷时作为质量检测的依据。如果农药已经用完了,原包装瓶或袋也不要丢掉,应妥善保留;四是施药后的农作物,比如由于药效很低甚至无药效而使农作物遭受病、虫、草危害的症状,或者由于除草剂、其他劣质农药的药害症状等。有条件的话,应拍摄现场照片,记录下施药后出现的异常现象。并请当地的植保站、农技站协助,出具对该农药影响农作物生长的初步判断意见。上述证据都是保护自己消费合法权益所必备的。

四、农药要妥善保管

1992年秋,河南省有一位农民上吊自杀了。他为什么要自杀?

那位农民的父亲病故,留下1瓶标签脱落的农药,他凭闻气味误认为是杀虫脒(此药自1993年起已禁止使用),就用来防治棉铃虫,造成棉田严重药害,棉花绝收,一年辛勤劳动化为乌有,全家生活无着,一时想不开,就上吊自杀了。后经技术部门鉴定,那瓶农药是2甲4氯水剂。以此不幸事故为戒,对于因存放不当造成标签脱落而不知其是何种农药时,不能靠闻气味或根据不足的猜测而判断。如存量较多,应送专门机构进行鉴定,确认是何种农药,才能使用;如存量很少,不值得请人鉴定,就报废,采用妥当方法处理。

这次不幸事故,也提醒人们必须妥善保管农药,防止标签脱落和变质失效。引起在贮存过程中农药质量变化的自然因素较多,主要有温度、湿度和光照等。

(一)温　度

高温和低温对农药质量都有影响。乳油类农药含有大量的甲苯、二甲苯等有机溶剂,温度高易挥发,还容易燃烧。温度越高,敌敌畏挥发越快,35℃时的挥发量比20℃时大1.4倍。敌百虫晶体在30℃时开始融化,出现流汤现象。温度低至0℃以下,液体农药容易发生结晶或沉淀,甚至冻裂玻璃瓶。所以,高温或低温对农药质量都有影响,尤以高温最为明显。

(二)湿　度

空气中湿度太大会引起农药质量发生变化,降低药效。粉剂和可湿性粉剂农药吸收了空气中的水分,容易使粉粒结团或结块,降低粉剂的流动性或可湿性粉剂的悬浮率。有机磷粉剂吸潮后还能使有效成分发生分解,如遇上高温、高湿,分解速度还会加快。空气潮湿,能引起标签霉烂破损或脱落。

(三)光　照

光线照射也是造成农药变质减效的一个重要因素。所以,多数液体农药包装瓶采用棕色的,就是为了减轻光照的影响。辛硫磷见光最容易分解。

(四)与化肥分开保管

化肥品种较多,有些在存放过程中会释放出酸性或碱性物质,影响农药质量。所以,农药与化肥不要贮放在同一个仓库里。

综上所述,温度、湿度和光照等都会影响农药的质量,有条件时,可将农药存放在干燥的地窖里或避光干燥的仓库里,并经常检查。

目前在我国农村,散存的农药保管还没有引起足够的重视。一般农户都没有存放农药和剩余农药的专用房间或柜子,往往与杂物一起存放在同一房间里。在日光温室和塑料大棚中,往往把农药放在墙角或墙边,尤其是尚未用完的剩余农药更是如此。这就很容易因保管不当而引起农药质量逐渐下降,药力减退,并且人、畜误服的事故屡有发生,造成家破人亡,教训极其深痛。为此,用户必须有专柜存放农药,所存的农药必须保持标签完整及文字清晰无误。如有破损，应从销售商那里及时索取新的标签，切不可只凭记忆来取药、用药，以免发生本节开始所述的不幸事故。

　　在存放农药过程中，清洗漏撒农药的方法是：用两倍于粉状、粒状农药或是足可吸收液态农药的沙子、干土、锯木屑等盖住农药，清扫后装入一次性容器中，连同扫帚一起焚烧，或掩埋于至少深 0.5 米的土坑中。

　　被泄漏农药污染的地面，可撒上消石灰或碱面(每 0.1 平方米用 5 克左右)，用洒水壶稍稍喷湿，隔夜后清扫；或者倒上普通漂白剂，用长柄板刷擦洗，再用吸湿性黏土或其他类似物料吸掉擦洗液。最后，将已吸附农药的物料及用具一起焚烧，或掩埋于至少深 0.5 米的土坑中。

第二章　农药施用方法

农药要科学施用,才能取得最佳药效,把农药的不良副作用减到最低限度。科学施药,就必须懂得各种施药方法的原理和技术要点,并通过反复实践,熟练掌握。

一、施药方法的概况

为把农药施撒到目标物上所采用的各种技术措施称为施药方法。它是科学使用农药的重要环节。

施药方法的研究起步较晚,直到 19 世纪中叶,药液还是用笤帚或刷子泼洒(图 2-1)。19 世纪 80 年代在阐明波尔多

图 2-1　用刷子泼洒农药

液的杀菌作用原理后,发现用笤帚等工具蘸药泼洒的办法不能使药液均匀分布于葡萄叶片上,因而显著降低了波尔多液的应有防病效果,于是研制了一些简单的喷洒工具。19世纪90年代出现了最早的几种雾化喷头,20世纪20年代出现了飞机施药,40年代出现低容量和超低容量喷雾,70年代出现静电喷雾和静电喷粉,使每667平方米施药液量降低到100毫升以下,目前已基本上形成了较完整的施药体系。

施药方法随科学技术的发展而日益增多,并将随着生产的需要而不断完善。表2-1所列为我国常用的施药方法。

表2-1　常用的农药施用方法

施洒(撒) 方　法	施药量 (升/667 平方米)	施药浓度 (倍液)	雾滴或粉粒 直径(微米)	器　　械
常规喷雾	>40	150～2000	150～500	常规喷雾器(机)
低量喷雾	<20	15～200	100～300	常规喷雾器配小喷孔片等或弥雾
微量喷雾	<0.33	原　液	<75	专用微量喷雾机、油剂农药
喷　雨	>100	150～2000	雨　滴	手动喷雾器去掉喷杆;机动泼浇机
泼　浇	>300	300～5000	雨　滴	粪桶粪勺人工泼洒
弥　雾	<10	15～200	75～150	机动弥雾喷粉机
风送喷雾	10～40	15～200	75～300	风送喷雾机,未大量推广
烟　雾	—	烟雾剂	<50	烟雾机,未大量推广
常温烟雾	3～5	—	<20	常温烟雾机,未大量推广

施洒（撒）方法	施药量（升/667平方米）	施药浓度（倍液）	雾滴或粉粒直径（微米）	器　械
熏　蒸	—	—	气　态	器皿加热或不加热
喷　粉	1~2.5千克	—	300目	喷粉器（机）
撒　粒	1~2.5千克	—	200~2000	撒粒器（机），尚无专用器械
撒毒土	40~50千克	—	—	人工手撒
点　蔸	2.5千克	—	—	人工点施
灌心叶	30~100株/千克液	600~800	—	人工灌注
毒　饵	—	—	—	机撒或人工
土壤消毒	—	—	—	土壤消毒器（机），尚无专用机具
根区施药	—	—	—	机具施布，尚无专用机具
灌　施	—	—	—	与灌水结合施药
涂　抹	—	—	—	涂抹器，尚无专用机具
拌　种	—	—	—	拌种机
注　射	—	—	—	如FH-5型木防机（灭白蚁）
静电喷雾	—	—	—	专用静电喷雾机
吹　雾	1~2.5	10~20	50~100	手动吹雾器

二、喷 雾 法

喷雾法就是利用喷雾机具把农药药液喷洒成雾滴分散到空气中,再降落到农作物、害虫、病菌、杂草上的施药方法,是当前使用最为广泛的施药方法。

(一)喷雾法的种类

喷雾法发展很快,具体方法较多。

1. 按用药液量划分 分为高容量喷雾法、中容量喷雾法、低容量喷雾法、很低容量喷雾法和超低容量喷雾法等 5 种。它们的各自特点,详见表 2-2。

表 2-2 几种容量喷雾法的性能特点

指 标	高容量	中容量	低容量	很低容量	超低容量
施药液量 (升/667平方米)	>40	10~40	1~10	0.33~1	<0.33
雾滴直径(微米)	>250	>200	100~150	50~100	70
喷洒液浓度(%)	0.05~0.1	0.1~0.3	0.3~3	3~10	10~15
药液覆盖度	大部分	一部分	小部分	很小部分	微量部分
载体种类	水 质	水 质	水 质	水质或油质	油 质
喷雾方式	针对性	针对性	针对性或飘移	飘 移	飘 移

实际上喷施药液量很难划分清楚,低容量以下的几种喷雾法的雾滴较细或很细,所以也统称为细雾滴喷雾法。国内或国外的喷施药液量均向低容量方向发展,而高容量喷雾法

逐渐在被取代。东方红-18型弥雾喷粉机的不同喷液量的经济效益对比见表2-3。由表2-3可以明显看出,低容量喷雾的经济效益显著,单位面积用药量少、工效高、机械性能消耗低、防治及时。

表 2-3　东方红-18 型机不同喷液量的经济效益对比

主要指标	低容量	很低容量	超低容量
施药液量(升/公顷)	30～45	7.5	1.5～3.0
每台机生产率(公顷/日)	3.3～5.3	10～13.3	13.3～20
每台机用人数	3	2～3	2
每人日生产率(公顷)	1.1～1.8	3.3～4.7	100～150
油耗(克/公顷)	1605～1710	420～570	285～420

2. 按喷雾方式划分　可分为针对性喷雾法、飘移喷雾法、泡沫喷雾法、循环喷雾法、光敏间隙喷雾法、静电喷雾法和滞留喷雾法。

(1)针对性喷雾法　就是把喷头对着靶标直接喷雾(图2-2)。此法喷出的雾流朝着预定的方向运动,雾滴能较准确地落到目标上,较少散落或飘移到空中或其他非靶标上,因而也称为定向喷雾法。

针对性喷雾的技术措施主要有4点:①调节喷头的角度,使雾流可喷落到作物的特定部位;②利用风送式喷雾机产生的强大气流把雾流吹送到作物上,还可结合调节喷头的角度把雾流吹送到果树树冠的特定部位上;③用塑料薄膜等遮覆材料把作物或杂草

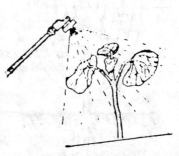

图 2-2　针对性喷雾法

笼罩起来,喷头装在罩内,针对作物或杂草进行喷雾;④采用一种先进装置进行间隙喷雾,使喷头遇到作物时自动喷雾,没有作物时自动停止喷雾。我国目前使用的手动喷雾器的高容量喷雾法即属于针对性喷雾法,喷出的雾流运送距离都不远。

(2)飘移喷雾法 就是利用风力把雾滴分散、飘移、穿透、沉积在目标上的喷雾方法。喷出的雾滴按大小顺序沉降,距离喷头近处飘落的雾滴多而大,远处飘落的雾滴少而小。雾滴愈小,飘移愈远。据测定,直径10微米的雾滴,飘移可达200~300米,而喷药时的工作幅宽度不可能有这么大,所以,每个工作幅内降落的雾滴是多个单程喷洒雾滴的沉积重叠的结果。用手持电动超低容量喷雾机或东方红-18型弥雾喷粉机进行的低容量和超低容量喷雾都属于飘移喷雾法。

(3)循环喷雾法 在喷雾机的喷洒部件的对面加装单个或多个挡板,把没有沉积在目标上的雾滴挡在板上,使药液顺板流下进入1个收集槽内,再用药泵把药液抽回药箱中循环利用。一般可节省农药30%以上,并可减轻对环境的污染。

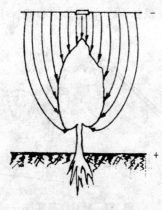

图 2-3 电场力图

(4)静电喷雾法 是通过高压静电发生装置使喷出的雾滴带电荷的喷雾方法。这种带电雾滴受作物表面感应电荷吸引,对作物产生包抄效应,将作物包围起来,因而可沉积到作物叶的正面和背面(图2-3),从而提高了防治效果。市场上有静电喷雾器出售,买来后按说明书介绍的方法进行操作,即可进行静电喷雾。

3. 按所用喷雾机具和所用动力划分 可分为手动喷雾法、小型机动喷雾法、拖拉机喷雾法、飞机喷雾法等。这是大多数农药使用者更习惯的划分方法。

(二)手动喷雾法

手动喷雾法是以手动方式产生的压力迫使药液通过液力式喷头喷出,与外界静止的空气相冲撞而分散成为雾滴的施药方法。

我国机械行业标准 JB/T 7875－1995《植物保护机械名词术语》中规定:由人力驱动的施药机具称为"喷雾器",用动力驱动的施药机具称为"喷雾机"。手动喷雾法使用的是手动喷雾器,目前我国喷雾器主要有背负式喷雾器、压缩式喷雾器、单管喷雾器和踏扳手压式喷雾器。由表 2-4 可知手动喷雾器占我国施药机具社会保有量的 95%,在全部病虫草害防治面积中采用手动喷雾法防治的面积占 60%～70%。根据我国农业发展政策,农村土地联产承包责任制将继续相当长的时期,这种适合农村一家一户采用的手动喷雾法仍将是广大农户的主要选择。因此,本书着重介绍手动喷雾法及其所使用的手动喷雾器。

表 2-4 我国主要植保机械社会保有量及在病虫草害防治中的地位

植保机械类型	社会保有量(万台)	数量比重(%)	防治面积比重(%)
手动喷雾器	8442	95	60～70
背负式机动喷雾喷粉机	313	3.7	15～20
担架式喷雾机	10.3	0.1	1

续表 2-4

植保机械类型	社会保有量(万台)	数量比重(%)	防治面积比重(%)
拖拉机悬挂或牵引喷杆喷雾机	1.6	0.02	5
电动旋转圆盘喷雾机	78	0.7	1

1. 喷头及喷头片 手动喷雾器的种类虽然较多,但它们的喷射部件基本通用,其中的喷头都为液力式喷头,其工作原理是将从液泵送来的药液雾化成细小的雾滴喷洒出去。根据雾型,液力式喷头可分为圆锥雾喷头和扇形雾喷头两类。我国手动喷雾器上多安装圆锥雾喷头类中的切向离心式涡流芯喷头,即常说的空心圆锥雾喷头,也有些新型手动喷雾器装配有扇形雾喷头,便于喷洒除草剂使用。

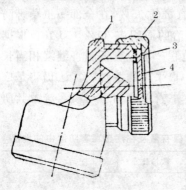

图 2-4 喷 头

1. 喷头体 2. 喷头帽 3. 垫圈 4. 喷头片

切向离心式涡流芯喷头见图 2-4。具有一定压力的药液经喷头体内的切向斜孔进入涡流室,绕锥面旋转产生回旋运动(图 2-5a),再通过喷孔喷出破碎的细雾滴(图 2-5b)。药液的压力来自手动方式压动水唧筒,所以,正确地压动水唧筒(俗称打气)是手动喷雾时操作的关键技术,保持药液受到足够压力,才能取得良好的喷雾效果。

喷头的喷头片中央部位有一喷液孔。在相同压力下,喷孔直径越大则药液流量也越大（表 2-5）。用户可以根据作物种类、生长期和病虫草害的种类，选择适宜的喷头片，决定垫圈数量（图 2-6）。较大的作物，宜选择喷孔直径大的喷头片，其流量较大，雾滴粗些；苗期的作物，宜选择喷孔直径小的喷头片，其流量小，雾滴细，若加垫圈可缩小雾化面，使雾滴较集中的对着作物幼苗。

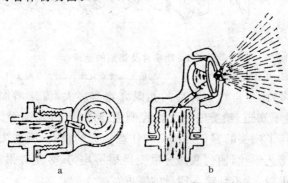

a   b

图 2-5 喷头雾化原理

a. 形成涡流 b. 形成雾滴

表 2-5 几种手动喷雾器的喷孔直径和药液流量

喷孔直径（毫米）	各型喷雾器的药液流量（升/分钟）			
	工农-16 型	长江-10 型	联合-14 型	552-丙型
1.3	0.55～0.65	0.58～0.63	0.65	0.69～0.81
1.6	0.87～1.01	0.66～0.73	—	0.87～1.01

但是，我们在农村中常见到有的农民不愿采用流量较小的小号喷头片，误认为流量小则工效低，就发生用户用钉子把喷孔片的孔眼钻大，破坏了喷雾器应有的喷雾特性，产生不良的后果：①破坏了喷头片原定的药液流速，使药液流得快、

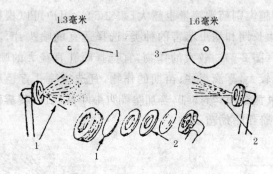

图 2-6 喷头片及垫圈的选择

1. 小孔喷头片及雾化面 2. 加垫圈改变雾化面 3. 大孔喷头片

流得多;而且自行钻孔后的孔眼究竟有多大,流速增加了多少,也不知道,喷雾时就无法控制喷药液量,药效难于保证;②破坏了喷头的雾化性能。被任意钻大的喷孔,因失去了原有的工艺形状,使药液的分散变得很不均匀,雾化效果很差,雾滴很粗,达不到喷雾质量的要求。

有些地方还流行一种喷雨法,就是把喷头、喷杆摘掉,让药水从开关口直接喷出。这不是喷雾,是在射水,用水量大,射出的药水能沉积在作物体上的量很少,流失量很大。这对某些内吸作用强的药剂(如杀虫双)来说,在水田喷,落入田水中的药剂能被稻根吸收,仍有很好的杀虫效果,但对大多数内吸性能不大好的药剂来说,流落到地面和田水中就很难发挥药效作用。作者曾试验,每 667 平方米用 25% 喹硫磷乳油 100 毫升防治稻飞虱,常规喷雾法的防效为 83.2%,而喷雨法的防效仅为 75.8%。

同理,用摘去喷头的喷头片进行喷洒也是不可取的,因为那也不是喷雾而是在喷雨。

2. 背负式喷雾器的操作方法 这是我国主要的手动喷雾器,据估计,它约占我国手动喷雾器市场的 70%～80%,国内有许多工厂生产,型号虽有多种,但基本型号是工农-16 型背负式喷雾器(图 2-7)。其他的型号仅是在药液箱的形状、体积、空气室的安装部位等方面有所不同,而它们的基本结构和工作原理均相同。

背负式喷雾器的主要特点是可以连续加压,保持压力的相对稳定,喷雾质量有保证。但喷药人必须按规定的要求进行操作:装好药水,盖紧,开始打气(摇动手压杆);打气时药水进入空气室,使空气室内的空气被压缩产生压力,当压力达到一定强度时(药水上升到安全水位线)打开药水开关,药水即由喷头喷出形成雾滴(图 2-8、彩图 1);边喷雾边打气,空气室内压力稳定,空气室内的水面保持在

**图 2-7 工农-16 型背负式
喷雾器整机图**

水位线上下,即可连续喷雾,喷出的雾滴细而飘;若打气慢,空气室内压力不足,药水面下降,喷出的药水量减少,雾头小,雾滴粗而沉或停止喷雾。所以,在喷雾时,应一手拿喷杆喷雾,一手连续均匀地打气,一般要求每分钟打气 18～25 次,不可打打停停,更不可长时间停打。

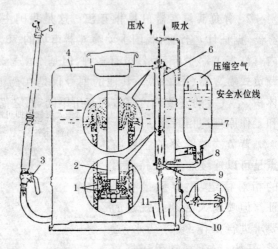

图 2-8 工农-16 型背负式喷雾器

1.皮碗 2.塞杆 3.开关 4.药液桶 5.喷头 6.泵筒

7.空气室 8.出水球阀 9.进水球阀 10.手压杆 11.吸水管

这类喷雾器的结构比较复杂,应按表 2-6 的要求进行装配。

表 2-6 工农-16 型背负式喷雾器装配工艺

装配部件	装配方法	装配要求
塞杆的装配	①皮碗浸油(机油或动物油中) ②依次装上泵盖毡圈、毡托,再装上垫圈、皮碗托和皮碗、弹簧垫圈,最后旋上六角钢螺母并拧紧	①浸油时间不少于 24 小时 ②零件顺序不能装错。毡圈浸油,螺母拧紧要适当,皮碗无显著变形
泵筒组件装配	在泵筒端依次序装上进水球阀垫圈、进水球阀座及水管	泵管与进水球阀座要拧紧

续表 2-6

装配部件	装配方法	装配要求
塞杆组件与泵筒组件装配	①塞杆组件装入泵筒组件，然后将泵盖旋上，并拧紧 ②手压杆装配	①装配时，将皮碗的一边斜放在泵筒内，然后使之旋转，将塞杆竖直，另一手帮助将皮碗边缘压入泵筒内即可顺利装入，切不可强行塞入 ②将手压杆末端的孔套入液箱上的撑脚支轴上，中段的孔套入连杆，在支轴和连杆的套入端套上垫圈和在小孔中插入开口销并将销脚劈开
总体检验	①利用手压杆做工作试验 ②检查各连接部分是否有松动现象	①检查吸气和排气是否正常 ②松动部分应拧紧

为适应喷药者的操作习惯，喷雾器的手压杆（摇杆）是装在下方，操作起来方便省力。当作物生长到后期，植株高而密，株冠层妨碍手压杆摇动时，可选择手压杆比肩高的背负式手动喷雾器（图 2-9）。

背负式喷雾器使用过程中常遇见药液渗漏问题，还有其他故障，它们的排除方法见表 2-7。

图 2-9　肩上操作压杆手动喷雾器

表 2-7　背负式喷雾器常见故障及排除方法

现　象	原　因	排除方法
摇杆扳动困难	出水阀堵塞	拆下出水阀清洗污物
	皮碗卡隆	取下皮碗浸机油
	皮碗磨损	再换皮碗(新皮碗应先用油浸透再装配)
	塞杆弯曲变形	校直塞杆
	各活动处锈污卡死	各活动处清洗加润滑油
打气时,手不感到吃力,压力上不去,雾化不良	进出水阀玻璃球被污物粘住或损坏失圆	拆下清洗污物或更换玻璃球
	皮碗干缩损坏	更换新皮碗或用机油浸泡皮碗回软后再用
	连接处密封圈损坏	更换
摇杆摇一下喷一下,不摇不喷	打气前没关闭开关,空气室内充满药液	关好开关,再打气取下空气室,倒出药液再用
打气时,唧筒帽向外冒水	药液装得过满,超过安全水位线	倒出一些药液,使药液不超过安全水位线
	毡垫毡托损坏	更换
打气正常,但不雾化	喷洒部件系统堵塞	疏通清洗各堵塞处
各连接部位和开关漏水	各连接处螺丝未拧紧或垫圈垫片不正、损坏、缺垫圈	旋紧各部螺丝,垫好或更换垫圈、垫片或加垫圈
开关拧不动	放置时间过久或使用过久,开关芯因药剂的侵蚀而粘结住	拆下零件在煤油或柴油中清洗,拆下有困难时可在煤油中浸泡若干时间后再拆卸

长江-10 型背负式喷雾器(图 2-10)由苏州农业药械厂于 20 世纪 60 年代后期研制,主要结构与工农-16 型相同,仅药液箱为圆桶形,用铁皮制作,现在已有用塑料、铝材、搪瓷等制作,容量为 10 升。这种喷雾器在江南地区很受欢迎。

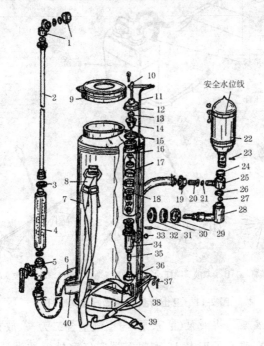

图 2-10 长江-10 型喷雾器

1. 喷头部件 2. 喷杆 3.14×8 垫圈 4. 套管 5. 开关
6. 橡胶软管 7. 药液桶 8. 背带 9. 桶盖 10. 塞杆
11. 连杆 12. 泵盖 13. 毡圈 14. 毡托 15. 泵筒安装口
16. 泵筒 17. 皮碗 18. 皮碗托 19. 胶管螺母 20. 斜口
21. 垫圈 22. 空气室 23、32. 销钉 24、26. 垫圈
25. 出水接头 27、33. 球阀 28. 出水阀座 29. 螺母
30. 垫圈 31. 双联垫圈 34. 进水阀座 35. 吸水管
36. 滤网 37. 开口销 38. 撑脚 39. 摇杆 40. 靠鞍

3. 卫士背负式喷雾器的特点 它又称 NS-15 型喷雾器（图 2-11），是由中国农业科学院南京农业机械化研究所研制开发的，也是国产背负式喷雾器中性能最好的一种。

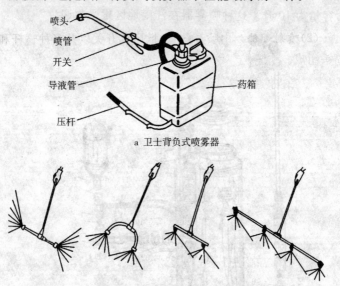

a 卫士背负式喷雾器

b "T"形侧喷杆　c "U"形双喷头喷杆　d "T"形双喷头直喷喷杆　E "T"形四喷头直喷喷杆

图 2-11　卫士背负式喷雾器及其喷杆

（1）液泵　将液泵（活塞泵）与空气室合二为一，放在药液箱（桶）内，改变了工农-16 型喷雾器空气室外置的设计，避免了输液管过多引起的药液渗漏和在玉米等高大植株相碰损伤物的问题，也可以避免因空气室过载而发生对人体伤害事故。

泵上装有可调式安全限制阀，作业压力可调且平稳，使用时可以根据需要，在加药液之前更换弹力不同的安全阀，就可以将工作压力设定在 0.2 兆帕、0.4 兆帕或 0.6 兆帕，当药液压力超过预定值时,安全阀就自动开启,使药液回流到药液箱中。

泵的皮碗由优质塑料制成,使用时不会像牛皮碗那样干缩。

(2)喷射部件　由喷雾软管、揿压式开关以及多种喷杆和喷头组成。

揿压式开关可按作业的需要进行快速接通或截断液流,即可以长时间或短时间开启阀门,实现连续喷雾或点喷,密封性较好,不漏液。

图2-11所示的4种喷杆,可供用户根据作物种类、作物行距而选用。"T"形双喷头和"T"形四喷头直喷喷杆适用于宽幅全面喷洒,例如在作物播前或播后苗前喷洒除草剂进行土壤处理;"T"形侧向双喷头喷杆适用于在行间对两侧作物基部喷洒;"U"形双喷头喷杆可用于作物行上喷洒。

配有多种喷头,有我国已普遍采用的空心圆锥雾喷头,还有扇形雾喷头(即狭缝喷头)和可调喷头(图2-12)。可调喷头的工作压力0.2～0.4兆帕,装在直喷杆上,拧转调节帽可改变雾流的形状,调节帽往前拧则雾流的喷雾角度小,雾滴较粗,射程变远;调节帽往后拧则雾流的喷雾角变大,雾滴较细,射程变近。但在远喷时,喷头的雾化能力大大减弱,喷出的已不是雾,而已转变为近似水柱;且在调节喷头时容易造成药液污染人体,因而现时在国际上已不提倡。

(3)药液箱(桶)　是仿人体后背形状,用聚乙烯塑料制

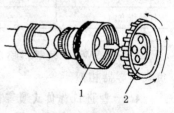

图2-12　可调喷头
1. 旋水芯　2. 调节帽

成的,因而习惯上称之为 NS-15 型塑料喷雾器。箱盖与箱身为螺纹连结密封,不漏液。箱盖上装配防溢阀(平阀),作业时随着药液面下降,箱内压力降低,空气就从这个防溢阀进入药液箱内,使箱内压力保持正常。

(4)压柄 可以安装在药液箱左侧,也可安装在右侧,即压柄可以左右调换位置,便于喷药者换手操作。

卫士背负式手动喷雾器与工农-16 型背负式喷雾器性能及有关指标对比见表 2-8。

表 2-8 卫士背负式手动喷雾器与工农-16 型喷雾器性能及有关指标对比

性能及技术指标	卫士背负式喷雾器	工农-16 型喷雾器
工作压力(兆帕)	0.2~0.6(换调压阀)	0.3~0.4
工作行程(毫米)	40~70	80~120
整机质量(千克)	4.8	3.5
外形尺寸(长×宽×高)(毫米)	420×195×578	
残留液量(毫升)	50	120
喷头形式	扇形雾、空心圆锥雾及可调雾喷头	空心圆锥雾
开关形式	掀压式,可点喷、连续喷	直通式,连续喷
空气室形式	在药液箱内与泵合二为一	在药液箱外,独立一体
安全阀	有	无
压杆操作方向	左、右均可	只能在左侧

另有 3AW-16 型塑料喷雾器,基本结构和性能与卫士背负式喷雾器相似。

4. 一些进口背负式喷雾器 近年来,一些国外背负式喷雾器进入我国,它们在原理和使用性能上与国产的基本相同,材质为不锈钢或工程塑料,制造精良,外观较好,喷洒部件品种多,适用范围广,密封安全性能好。但因其价格过高,在我国农业生产上难于推广,目前仅在城市卫生防疫和农业科研中少量应用。这里简介其中的两种。

PP-16 型背负式喷雾器为马来西亚产品,它开发了一种 4 喷孔的喷头,使喷雾量加大,雾滴较细,并配有可调喷头。

没得比(MataBi)背负式喷雾器为西班牙产品,药液箱容量有 12 升、16 升和 20 升 3 种。药液箱内装有搅拌器,喷洒非均相药液(如悬浮液)时可以保证喷洒过程中药液浓度比较一致。压杆操作比较省力,每摇动 1 次,可喷雾走动 5～15 步。喷雾压力较高,采用直径 1 毫米的喷孔片,雾滴比较细而均匀。备有可更换的双喷头、多喷头和可伸缩喷杆等配件和零件,方便用户选择使用(图 2-13,图 2-14)。

图 2-13　没得比背负式喷雾器

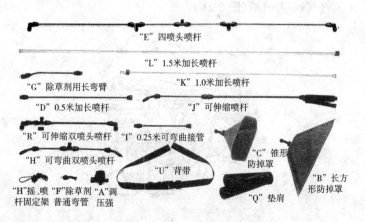

“E”四喷头喷杆

“L”1.5米加长喷杆

“G”除草剂用长弯臂　　　“K”1.0米加长喷杆

“D”0.5米加长喷杆　　　　　　“J”可伸缩喷杆

“R”可伸缩双喷头喷杆　“I”0.25米可弯曲接管

“H”可弯曲双喷头喷杆　　　　　　　　　　　　“C”锥形防掉罩

“U”背带

“H”摇、喷“F”除草剂“A”调　　　　　　　　　“B”长方形防掉罩
杆固定架 普通弯管 压强　　　　　　“Q”垫肩

图 2-14　没得比喷雾器的配件和零件

5. 单管喷雾器的操作方法　这是一种不带药箱的手动喷雾器，喷雾时一般是由 2 人操作（图 2-15）。把喷雾器插在药水桶中，后面的人打气，前面的人喷洒。有时为了操作方便，由 2 人用扁担抬起药水桶，后面的人边走边打气，前面的人边走边喷洒，群众把这种方式称之为"二人抬"。

图 2-15　单管喷雾器由 2 人操作使用

在条件许可时，可以在出水口接头处加上 1 个三通接头，在三通接头上分接 2 条橡皮管和喷头，同时由 3 人操作，其中 1 人打气，2 人喷洒（图 2-16）。

图 2-16　单管喷雾器由 3 人操作使用

单管喷雾器的机械构造很简单,易损部件较少,容易拆洗,目前使用的是 WO-0.55 型,它是在 51 型、52 型及 WD 型等型号基础上加以改进后的型号,其结构如图 2-17。它的喷射部件与背负式喷雾器相同,其主要工作部件是一种手动柱塞泵,由唧筒管、塞杆、气室等组成,气室容积为 0.55 升。作业时,将手动柱塞泵放入盛有药液的桶中,塞杆向上拉动,唧筒管内压力降低,药液冲开吸水座进水阀,进入唧筒管;塞杆向下压,进水阀关闭,迫使管内药液冲开出水阀,进入气室内;塞杆再一次向上拉动,由于气室的压力大于唧筒管内的压力,出水阀关闭,阻止药液流回唧筒管。往复多次上下抽动塞杆,气室内的药液就不断增加,使气室内空气形成具有一定压力的气体,迫使药液通过喷头片的小孔喷出形成雾滴。

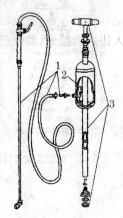

图 2-17 单管喷雾器的构造
1. 喷射部件 2. 气室
3. 唧筒

单管喷雾器是最老式的喷雾器之一。我国于 1941 年开始引进生产,到 20 世纪 50~60 年代中期已较普遍使用。由于它的压力较大(0.7~1 兆帕),可插在药水桶中直接抽吸喷雾,节省了重复装药的时间,工效和雾化性能均不低于背负式喷雾器,现在仍在很多地区,特别是在丘陵、山区的果园、菜园、棉、麦等产区使用。

另有一种肩挂式单管喷雾器(图 2-18),是装在药液箱(贮液桶)内的。

6. 踏板手压式喷雾器的操作方法　如丰收-3型（图2-19）。这是一种大型的手动喷雾器，它的工作原理与单管喷雾器、背负式喷雾器相同，是用人力扳动摇杆使柱塞在缸筒内往复运动抽吸和压缩药液。操作时，把吸水皮管放在药水桶中，操作人员脚踏在机座的垫板上，双手推动摇杆，每分钟往复25～30次，便能连续喷雾。必须指出，推动摇杆就是打气，给药水加压，因此要持续均匀地推动摇杆，以保持喷雾压力的相对稳定，才能持续喷雾，取得良好雾化性能，切不可推推停停，更不可长时间停推。

图2-18　肩挂式单管喷雾器

由于是用双手同时使力前后推动摇杆，从而产生较高的喷雾压力，丰收-3型最高喷雾压力可达1.8兆帕，比背负式喷雾器高4～5倍，喷出的雾滴较细，射程较远，也就可以利用多个接头接出多条喷雾管，同时进行多喷头喷雾；以喷雾器为中心，可以在直径50米或更远的范围内作业，在水稻田面积不很大时，喷药人员不下田就可完成喷

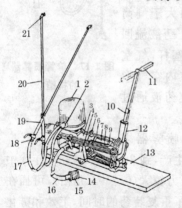

图2-19　丰收-3型踏板手压式喷雾器结构

1. 气室　2. 三通　3. 缸体　4. 机座
5. 油杯　6. 压盖　7. 柱塞　8. 连杆
9. 框架　10. 摇杆　11. 手柄　12. 杠杆
13. 踏板　14. 吸液头　15. 过滤网罩
16. 吸液胶管　17. 喷雾胶管　18. 开关
19. 滤网套管　20. 喷杆　21. 喷头

药;也可以利用长杆来升高喷头,对果树冠层上部进行喷雾,或使用喷枪对果林喷雾(图2-20)。因此,这种喷雾器适用于各类农田喷雾,尤其适合于果、林、茶、桑园及其他植株较高大的作物使用。

图2-20 使用多条喷杆和喷枪进行喷雾

另有3WY-28型踏板式喷雾器(图2-21)。液泵为单缸活塞泵,只有一个活塞,活塞杆、缸体均采用不锈钢或黄铜材料制成,进水端盖和空气室座用铝合金材料制成。结构简单紧凑、重量轻、耐腐蚀;密封件采用聚氨酯耐磨材料,密封可靠性高。

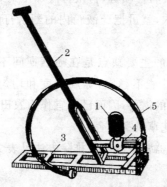

图2-21 3WY-28型踏板式喷雾器

1. 空气室 2. 摇杆 3. 踏板 4. 泵 5. 吸水管

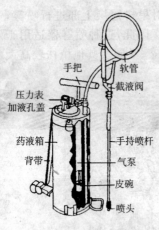

手把　软管
压力表　　　　　截液阀
加液孔盖
药液箱　　　　　手持喷杆
背带　　　　　　气泵
　　　　　　　　皮碗
　　　　　　　　喷头

图 2-22　压缩式喷雾器

7. 压缩式喷雾器的操作方法

我国使用的主要是 552-丙型压缩式喷雾器(图 2-22)。这是一种间隙加压式的手动喷雾器,它的药液箱兼做空气室,即药液箱的上部留出 1/3 左右的空间不装药水作为空气室用(在箱体上有安全水位线标记,装药水时不得超过这道线)。

这类喷雾器的喷射部件与背负式喷雾器相同,气泵是 1 个打气唧筒。气泵活塞在泵筒内上、下抽动时,把空气压入药液箱,增加空气对药液的压力,连续打气 30～40 次,药液箱内压力可达 0.4 兆帕,即可开始喷雾。随着药液的喷出,药液箱内的压力在逐渐下降,当下降到雾头明显变小时,就要暂停喷雾,再次打气加压到 0.4 兆帕。这样总共打气 2～3 次,就可把药液箱内的药水打完,才能保证喷雾质量。

这类喷雾器的主要缺点是在喷洒期间不能连续打气加压,使药液雾化性能不稳定,雾滴细度和均匀度达不到农业病、虫、草害防治的需要,因而已不宜作为农田、果园喷雾器使用,可用于庭院花草及畜禽舍。

压缩式喷雾器常见故障及排除方法见表 2-9。

表 2-9　压缩式喷雾器常见故障及排除方法

现　象	原　因	排除方法
打不足气,压力上不去	加液孔盖与箱口间封闭不严:①安装位置不合适;②橡胶圈老化;③加液孔盖与箱口接触处变形	①重新安装加液孔盖;②更换橡胶圈;③修复加液孔盖与箱口
	皮碗磨损或损坏	更换
泵杆向下压时,药液从杆盖处冒出	泵筒内球阀被污物堵住,药液进入泵筒	拆卸、清洗
泵杆向下压时,感到有弹性,一松手,泵杆自动上抬	泵筒内球阀被污物卡住,不能抬起	拆卸、清洗
泵杆向下压时不费力,松手后自动下降	皮碗干缩硬化或开裂破损	放在机油里浸软或更换
喷雾时有时断时续现象,并有水气同时喷出	药液箱内出水管有裂缝或腐烂	烫开出水管与箱盖焊接处,焊修或更换

8. 三个一喷雾法　就是用 1 毫米孔径的喷头片,背负式喷雾器装 1 背包药水,喷洒 667 平方米(1 亩)地,属中容量喷雾范围。据测定,此喷雾法在作物体上药剂沉积量比高容量喷雾法高约 20%,因而防治效果是比较好的。

9. 把手动喷雾器改作低容量喷雾　工农-16 型和 552-丙型手动喷雾器,通常采用孔径分别为 1.3 毫米和 1.6 毫米的喷头片,进行高容量喷雾(又称大容量喷雾、常规喷雾),每 667 平方米喷药水在 40 升以上。若换个孔径 0.7 毫米的喷头片,就可进行低容量喷雾,使每 667 平方米喷药水量降低到 1.5~10 升,喷出的雾滴比高容量喷雾的约小 1/2,均匀地覆盖在作物体表面,潮湿而不流淌(图 2-23,图 2-24 和彩图 2,

彩图3）。

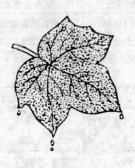

图 2-23　高容量喷雾时　　　图 2-24　低容量喷雾时
药液在叶面上沉积情况　　药液在叶面上沉积情况

改成低容量喷雾的优点较多。

第一，省药。由图 2-23 可见到高容量喷雾有一部分药水从叶片上流淌掉，农药利用率一般为 40%；低容量喷雾的施药水量少，雾滴在叶片上不流失（图 2-24），农药利用率可达 70%。

第二，防效好。低容量喷雾的雾滴细小，在作物表面粘着性强，覆盖均匀，因而防效好。

第三，工效高。低容量喷雾 1 个人 1 天可喷洒 1～2 公顷地，而高容量喷雾只能喷洒 0.13～0.2 公顷地。

第四，防治及时。1 个农户承包 0.67 公顷棉田，高容量喷雾防治 1 遍需 4～5 天，而低容量喷雾不到 1 天就可防治 1 遍。

第五，省防治费用。由于省药、省工、防治及时，所以防治费用可减少 30% 以上。

手动喷雾器低容量喷雾，既可飘移性喷雾，也可针对性喷雾。

飘移性喷雾：防治麦蚜、棉小造桥虫，以及水稻、蔬菜、花生等作物上部的病虫害可采用飘移性喷雾。在风向与作物行向垂直时，应以"一向定三向"，即根据风向决定喷雾方向、行走方向和喷幅排列顺序。喷头的喷雾方向与风向尽量保持一致（图2-25），不得大于45°夹角，施药人员

风向

图 2-25　飘移性喷雾

在上风向手拿喷杆把，不摇动喷杆；行走方向与风向尽量保持垂直角度；喷幅排列顺序由地块的下风向处开始。

针对性喷雾：喷头向下喷，喷杆在人体下风向一侧来回摆动，每走一步喷杆来回摇动1次。针对性喷雾还可根据病虫危害部位进行3个角度的定向喷雾，使药雾对准病虫危害部位（图2-26，图2-27，图2-28）。

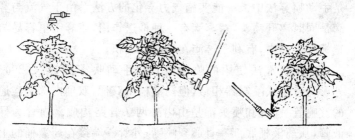

图 2-26　株顶定向喷雾　图 2-27　株膛定向喷雾　图 2-28　叶背定向喷雾

低容量喷雾的操作要求比高容量喷雾要严得多，为此必须注意以下几点。

第一，做到"三稳"。一是走得稳。走得快了，喷药量不

够;慢了,喷药量过多;通常旱田的行走速度为1~1.2米/秒,水田的行走速度为0.7~1米/秒。二是拿得稳。喷头距作物的高度和喷杆摇动大小要稳,使雾滴在作物上分布均匀。三是喷雾器的压力要稳。如压力有变化,就会影响药水流量和雾滴大小。

第二,因喷头片的孔径只有0.7毫米,药水必须经过小于喷孔的滤网(0.4~0.5毫米孔径的滤网)过滤,以防堵塞喷眼。

第三,风速过大(大于5米/秒)和风向常变不稳时不宜喷雾,无风时也不宜进行飘移性喷雾。

第四,注意安全。因药水浓度高,高毒类农药、喷雾器漏药、无防护用具、高温烈日下等,禁止喷药。喷头堵塞时,应先洗喷头,拧开喷头螺母后冲洗一下,再排除故障,切忌药水触及皮肤或溅入眼内。

10. 手动吹雾法 它是采用手动操作唧筒产生的低压压缩空气在经过喷头时流速增加,形成很强的一股气流吹动由另一管流来的药液,并将药液雾化成细小而均匀的雾滴。这是手动喷雾法中惟一能实施气力雾化的方法。由于气流与雾滴是同时离开喷头,对雾滴有一种推送作用,使雾滴更容易与靶标发生撞击,有利于雾滴在靶标上沉积。

手动吹雾法使用的喷洒机具叫手动吹雾器(图2-29)。外形与背负式喷雾器相似,但药液桶是双桶,双桶内部是连通的。喷管、喷杆和喷头都是由内外两条管路构成。内管为导液管,从药液桶底部一直通到喷嘴;外管一端接在药液桶的上中部,另一端也直达喷嘴。药液桶有一水位线,额定装液量为6~8升,水位线以上的空间(约4升)不可装满,留作贮气室用,压缩空气贮存在此处。喷药时连续摇动打气唧筒的塞杆,每分钟10次左右,即可保证气压相对稳定,使药液雾化良好,每 667 平方米喷药液量为 1～3 升,属低容量喷雾范围。

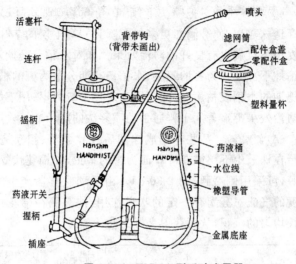

活塞杆
连杆
摇柄
背带钩
(背带未画出)
喷头
滤网筒
配件盒盖
零配件盒
塑料量杯
药液桶
水位线
橡塑导管
金属底座
药液开关
握柄
插座
Hanshm
HANDIMIST
Hanshm
HANDIMI

图 2-29   3WC-6A 型手动吹雾器

手动吹雾器的喷头产生的是窄幅实心雾流,有利于对各种类型的靶区进行对靶喷洒;喷杆在近喷头 10 厘米处呈 60°弯角,可改变喷洒的方式,因此,手动吹雾法可以根据需要而采用多种方式喷洒。

(1)水平喷洒   对在株冠上层危害的病虫,如小麦赤霉病、麦蚜、秧苗期稻蓟马、稻纵卷叶螟和稻苞虫等的防治可采用此种方式喷洒。操作时使喷杆在植株顶部以水平姿势左右匀速摆动,喷出的雾流在株顶相互连接,形成半圆弧形的雾带(图 2-30-a)。雾滴相对集中在植株株冠上层,减少农药向作物下层和地面的散落量。

(2)顺行平行喷洒   许多宽行密植作物在苗期是条带状,为了只喷苗带而不喷行间空地,就采用此方式喷洒。操作时让喷头顺行前进,使喷出的雾流与苗带平行(图2-30-b),雾滴就能相对集中地降落在苗带上。

(3)下倾喷洒 把喷头下倾60°角喷洒(图2-30-c),雾流可穿透株冠层,使雾滴能更多的沉降到株冠下层的茎叶上,对稻麦田下层病虫有良好的防治效果。如对水稻分蘖期及孕穗期钻蛀下部茎秆为害的螟虫、水稻扬花期分散为害的稻苞虫、孕穗期的水稻纹枯病、麦圆蜘蛛和麦二叉蚜等,采用下倾喷洒的防治效果都显著优于普通手动喷雾法的防治效果。

(4)侧喷洒 某些作物成株期后枝叶繁茂、相互掩蔽,要防治在株冠中下层或在叶背面为害的害虫,如棉花伏蚜、棉铃虫等,可采用侧喷洒(图2-30-d)。由手动吹雾器产生的一定速度的气流对雾滴有一定的吹送作用,使雾滴在棉花株冠层内较均匀的沉积,从而获得良好的防治效果。

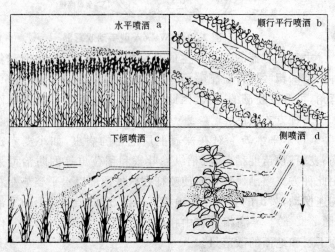

图2-30 手动吹雾法的4种喷洒方式

手动吹雾器还备有"T"形双向吹雾喷头,换接到喷头座上,向左右两侧喷洒,可供作物行间喷雾使用。另外,还备有喷粉盒,换接到喷头座上(须拆卸掉导液管),装入超细农药粉剂,就可以利用吹雾器的气流进行喷粉。

11. 滞留喷洒 它是把持效期长的农药(主要是杀虫剂)的药液喷洒在室内的墙壁、门窗、天花板和家具等表面上,使药剂滞留在上述物体表面上,维持一段长时期的药效,一般可维持 2～3 个月。此法所用的施药器械主要是手动压缩式喷雾器,所用的农药主要是可湿性粉剂、悬浮剂、乳油等。它适用于喷洒居室、办公室、宾馆、食堂、仓库、防空洞及厕所等场地,以防治蚊、蝇、蟑螂等卫生害虫和某些仓库害虫(如棉花仓库中的棉红铃虫)。

实施滞留喷洒的步骤如下。

(1)测定喷洒表面吸水量 不同材质表面的吸水量不同。水泥、砖、石灰面为吸收性表面,吸水量大;玻璃、瓷砖为非吸收性表面,吸水量小;油漆木板(包括家具)为半吸收性表面,吸水量中等。在滞留喷洒前,应实测欲处理表面的吸水量,方法是:把定量清水装入喷雾器内,向划定面积的表面均匀喷洒,以湿而不流为度,消耗的水量即为该表面的吸水量,计算单位为每平方米毫升数。吸水量就是要喷洒的药液量,一般为每平方米 30～50 毫升。

(2)计算需配药液总量 由吸水量乘以需喷洒的总面积(平方米),即得出喷洒药液总需要量。

(3)计算配药对水倍数 对水倍数可按农药产品说明书进行,也可按下列公式计算。

$$对水倍数 = \frac{农药百分含量 \times 吸水量}{需用有效剂量}$$

例如,使用5%顺式氯氰菊酯可湿性粉剂作滞留喷洒防治蚊虫,为达到4～6个月有效期,需使用有效剂量0.02毫克/平方米,喷洒表面吸水量为50毫升/平方米,对水倍数计算如下。

$$对水倍数 = \frac{0.05 \times 50}{0.02} = 125$$

(4)喷洒 喷头与喷洒表面相距0.5米左右,顺序而均匀地喷洒。根据防治对象,处理的重点有所不同:防治蚊蝇,要对室内墙壁和天花板、门窗进行全面喷洒,家具后面也要喷洒。防治蟑螂,喷洒距地面1米以下的墙面和家具(尤其是抽屉)以及室内一些缝隙等处。防治棉红铃虫,喷洒室内的墙壁、门窗、天花板等。

(5)注意安全 在居室内和人们活动场所喷洒,应选择低毒农药,并防止污染食物和餐具。

12. 手动喷雾法测定喷头药液流量的方法 科学施药的要求之一是要准确掌握每667平方米施药量,就喷雾法而言,就是要掌握喷头的流量。喷头药液流量的多少是受喷头片孔径和喷雾压力的大小决定的,因此在选择好喷头片后,要实测其在喷雾压力下的药液流量,以便准确掌握每667平方米施药量。

流量测定方法见图2-31。将喷雾器装上清水,按照喷药时的方法打气和喷药,用量杯接取喷出的清水,计算每分钟喷出多少毫升药液。

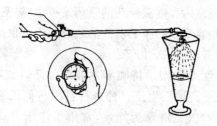

图 2-31　手动喷雾器测定流量的情况

13. 施药过程中喷头堵塞的处理　施药过程中常遇到喷头堵塞,此时切忌急躁,要按规程进行排除。

首先,立即关闭喷杆上开关,防止药液从喷头或开关处流出,再戴上胶皮或塑料手套,缓慢拧开喷头螺丝帽,取出喷片,用细铁丝轻轻疏通喷孔,清除杂质;清理完毕,细心安上喷片,扭紧螺帽,脱下手套,用肥皂洗手。

注意:①不可拿着喷杆乱扔、乱敲、指望能侥幸疏通喷孔,这样容易损坏药械,药液容易飞溅到身上;②不可用大铁钉硬行撬喷孔,那样容易使喷孔增大;③更不可用嘴对着喷头吹。

为防止喷头被堵塞:①使用前,拆开部件,清除金属锈末。装药前,先装清水试喷;②配药选用清洁的水,并通过纱网过滤;③再次配药或中间休息时,不要随便将喷头放在松土上,更不可拿着喷杆在地上敲着玩;④喷药结束后,要认真清洗喷雾器,特别要防止喷头里积存杂质。

14. 手持喷雾器适用的场所　这是一种小型手动塑料喷雾器。品种和牌号虽多,但从使用方式上可分为手扳式和揿压式两类,其主要结构和工作原理基本相同,其外形、规格、喷孔直径多种多样,如手扳式喷雾器容量有 250 毫升、300 毫升、500 毫升、800 毫升,手揿式喷雾器容量有 50 毫升、100 毫升、250 毫升、500 毫升。这类喷雾器主要用于室内喷洒卫生杀虫剂、家庭室内和庭院养花的喷药或喷水、温室植物喷药或喷水等,有些容量小的喷雾器产品装有卫生杀虫剂药液,直接用于室内喷雾,为一次性产品。

现以长江-0.8型手持喷雾器介绍如下。该喷雾器由江苏省苏州农业药械厂生产。桶身材料为高低压聚乙烯,额定装液量800毫升。液泵为气泵,常用工作压力0.2~0.4兆帕。喷头为切向离心式单喷头,喷孔直径0.7毫米、1.0毫米、1.3毫米3种。

(三)小型机动喷雾法

以机械或电力作为雾化和喷洒动力的喷雾方法叫做机动喷雾法。此种喷雾器械叫做机动喷雾机,它产生的压力高,而且是利用机械控制压力和药液流量,所以雾化性能好而稳定,雾滴在植物丛中的穿透能力较强。机型有大小之分,当使用小型机动喷雾机的喷雾就称之为小型机动喷雾法。我国目前广泛使用的小型机动喷雾机有3种,它们的工作原理和使用方法如下。

1. 背负式弥雾机的操作方法 如东方红-18型、泰山-18AC型、蜻蜓3MF-26型、啄木鸟、峰林和风雷等,都是以汽油机为动力的小型机动喷洒机具,主要供低容量弥雾和超低容量喷雾用,并可兼用于喷粉、喷施颗粒状农药、肥料及鱼饲料,或用来播撒颗粒细小的作物或牧草的种子,是一种多用机。目前在我国植物保护中使用该类喷雾机喷洒农药防治已占到总防治面积的15%~20%,可见其在我国农药使用中占有较为重要的地位。

主要动力源是汽油机所发动的风扇,能以5 000转/分以上的高速旋转而产生强大的气流,在喷口处把药液雾化,并可在静风条件下把雾滴吹送到 9～17 米的距离之外。本类机配有两套喷洒部件,可分别进行低容量弥雾和超低容量喷雾。

(1)低容量弥雾　弥雾喷管装配如图 2-32 所示,在喷头口内中央部位有一喷嘴。喷嘴有两种:一种是固定叶轮式喷嘴(图 2-32),有 8 个喷孔,孔径 2 毫米,喷幅较窄,雾滴较细,适宜于高浓度喷施,较受欢迎;另一种是阻流板式喷嘴(图 2-33),也有 8 个喷孔,喷幅较宽,但雾滴较粗。药液从喷嘴四周的喷孔流出后即被高速气流雾化成很细小的雾滴,并吹送出喷口,是一种气力式雾化,因此雾滴较细而均匀,雾滴直径为 100～150 微米。弥雾机结构及工作原理如图 2-34。

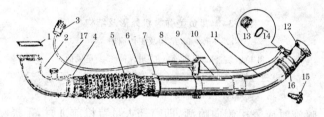

图 2-32　弥雾喷管装配

1. 垫板　2. 弯头　3. 出水塞　4. 卡环装配(一)　5. 蛇形管　6. 输液管(一)
　7. 卡环装配(二)　8. 手把开关　9. 直管　10. 输液管(二)　11. 弯管
12. 喷头　13. 压盖　14. 密封垫圈　15. 喷嘴　16. 卡环装配(三)　17. 胶塞

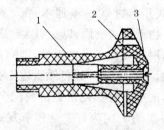

图 2-33　阻流板式喷嘴

1. 喷嘴座　2. 喷嘴盖　3. 螺钉

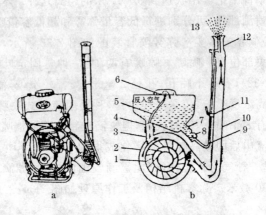

图 2-34　背负型弥雾机外形及结构

a. 外形　b. 结构及工作原理

1. 叶轮组装　2. 风机壳　3. 出风筒　4. 进风筒

5. 进气管　6. 过滤网组合　7. 粉门体　8. 出水塞

9. 输液管　10. 喷管　11. 开关　12. 喷头　13. 雾滴

　　喷施时应采用侧向喷洒,即喷药人员背机前进时,手提喷管向一侧喷洒,一个喷幅接一个喷幅,向上风方向移动(图2-35和彩图4),使喷幅之间相接区段的雾滴沉积有一定的重叠,以获得较均匀的田间药剂沉积量。操作时还应将喷口稍微向上仰起,并离开作物 20～30 厘米高、2 米左右远,决不能直接对着某株作物近距离喷洒,以免引起药害。

　　不少地方的用户习惯于纵向喷洒,即喷药人员行进方向与喷洒方向一致,一边前进一边把喷管左右摆动喷洒。但必须注意使行走速度与喷管摆动次数协调配合好,一般以走一步将喷管左右各摆动 1 次为好。这样有规律地平稳匀速前进,喷药比较均匀。

图 2-35 机动背负气力式喷雾机防治麦蚜的喷雾方式

防治棉花伏蚜,应根据棉花株高,分别采用隔 2 行喷 3 行或隔 3 行喷 4 行(图 2-36)。一般在棉株高 0.7 米以下时采用隔 3 喷 4,高于 0.7 米时采用隔 2 喷 3。这样有效喷幅为 2.1～2.8 米。喷洒时可把弯管向下,对着棉株中、上部喷,借助风机产生的风力把棉叶吹翻,以提高防治棉叶背面蚜虫的效果。走一步就左右摆动一次喷管,使喷出的雾滴呈多次扇形累积沉积(图 2-37),以提高雾滴覆盖均匀度。

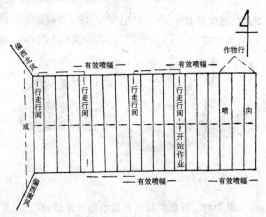

图 2-36 背负型机低容量喷雾防治棉花伏蚜田间作业图

对灌木林丛,如对低矮茶树喷药,可把喷管的弯管口朝下,防止雾滴向上飞散。对果树或其他林木喷药,可把弯管口朝上,使喷头与地面保持 $60°\sim70°$ 的夹角或换上高射喷嘴。实践证明,只要树叶被喷射气流吹得翻动,雾滴也就基本上达到那个高度了。

(2)超低容量喷雾 用背负机进行超低容量喷雾时,喷管装置(输气、输液装置)与弥雾喷管一样,只是将弥雾用的喷头改为超低容量喷头(图 2-38)。它是一种气流驱动转盘式喷

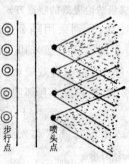

图 2-37 扇面形多次
累积着药

头,由风机产生的高速气流进入喷头,吹动叶轮(上有 6 个叶片)旋转,带动雾化齿盘以每分钟 9 000~11 000 转的速度旋转,将齿盘上的药液从其上的 180 个小齿尖上连续不断地抛出,形成众多直径15~75 微米的小雾滴,被喷口内喷出的气流吹出,在空中飘移、扩散,逐渐沉降、沾附在作物体上。

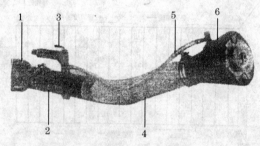

图 2-38 背负型超低容量喷洒部件结构
1. 蛇形管 2. 直管 3. 手把开关 4. 弯管 5. 输液管 6. 超低容量喷头

喷头上有 3～4 个挡位的流量开关,可调节药流量。为准确地掌握每 667 平方米的喷药液量,须预先测定喷用药液流量。方法是:在药箱内加入一定量药液,拧紧药箱盖,拆下喷头,开动汽油机达到额定转速(5 000 转/分),把喷口保持在喷雾时的高度,打开直通开关,待药液开始流出,计算 1 分钟流出的药液量(图 2-39)。每个挡位重复测 3 次,以求出各挡位开关的药液流量(毫升/秒)。

图 2-39　测定药液流量的情况

背负机进行超低容量喷雾时,每 667 平方米施药液量与单位时间内背负机的药液流量及喷洒面积有关;单位时间内喷洒面积与喷药人员的行走速度及有效喷幅有关;有效喷幅主要与自然风力有关(表 2-10)。这些关系可用下列公式表示。

$$施药液量(毫升/667 平方米)=$$

$$\frac{药液流量(毫升/秒)}{行走速度(米/秒)\times 有效喷幅(米)}\times 667$$

喷药人员行走速度一般为:旱地为 0.9～1.1 米/秒,水田为 0.6～0.8 米/秒。当风速大于 5 米/秒(4 级)时应停止喷药。

表 2-10　背负机超低容量喷雾时在不同风速下的有效喷幅

风速(米/秒)	有效喷幅(米)
0～0.5(无自然风或略有风)	8～10
0.5～2.0(相当1～2级风)	10～15
2.0～4.0(相当2～3级风)	15～20

　　在大田农作物喷药时,背机人手持喷管手把,向顺风向一边伸出,弯管向下,使喷头保持水平状态或有 5°～15°仰角(仰角大小根据风速而定:风速大,仰角小些或呈水平;风速小,仰角大些),喷头距作物顶端高出 0.5 米,按预定要求的药液流量、喷幅和行走速度喷药。行走路线根据风向而定,走向最好与风向垂直,喷向与风向一致或稍有夹角,从下风向的第一个喷幅的一端开始喷雾(图 2-40)。操作人员将汽油机调整到额定转速后,即可打开直通开关供药,至喷头喷出雾滴时立即按预定的行走速度前进(图 2-41)。当第一个喷幅喷完后,马上把直通开关关闭,再降低油门使汽油机低速运转,向上风向行走,见图 2-40 中的虚线方向,当快到第二个喷幅位置时,开大油门使汽油机达到额定转速,到第二个喷幅处,将喷头调转 180°角,仍指向下风向,在打开直通开关的同时向前行走,见图 2-42,按照这个顺序把整块农田喷完。在喷洒过程中,必须匀速行走,不要随意摆动或晃动喷头。如果多台机具同时在一块地上喷药,应事先根据风向风速选好各台机具作业行走起点的路线,下风向的先喷,先后错开,避免下风向机手身上落药。

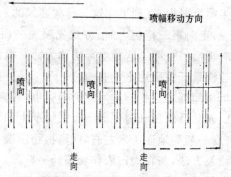

图 2-40　超低容量喷雾田间作业的走向、喷向及行走路线与风向的关系

图 2-41　在第一个喷幅作业
时的喷头方向　　　　图 2-42　在第二个喷幅作业
时的喷头方向

　　用背负机在平原对树高 6 米以下的果树林木和在山区利用坡地高低差或上升气流对 8 米高的树木进行超低容量喷雾时,应先从下风向第一排果树或林木的一边开始,机手站在上风向一边,根据树冠大小,在距离主干 3～5 米处,手持喷管把手,使弯管向上,喷头指向树冠,当机具喷出雾滴时,立即沿小半个弧形绕树行走,边缓慢地上下摆动喷头(向上摆动时,摆

速逐渐减慢；向下摆动时，摆速逐渐加快），针对树冠喷洒。一棵树喷完接喷第二棵，直到喷完这一排树迎风的一面，立即关闭直通开关，走向第二排树，如前方式先喷完一面，在无风或风向改变时再喷另一面。这种喷雾法称为针对飘移性双向喷雾法。一般流量开关采用Ⅰ～Ⅱ挡。

用背负机超低容量喷雾防治蚊蝇等害虫，其方法是：向草丛、灌木丛、园林及农田和村庄周围等蚊蝇孳生和栖息场所喷雾，喷头高度一般离地面1米左右，或离植物顶端0.5米。喷雾行走路线及方法，与在大田农作物施药一样。

机手在操作时要注意保护喷头的齿盘，防止与地面或其他东西接触而破坏小齿。为此，机手在背机时，应先将右手穿过钩好的右边背带提起喷管，左手提起左边背带，另一人提起机架帮助背上机具。机手背上机具后，手不能放开喷管把手，避免喷头和地面接触。在放下机具时先将弯管转向上方，右手持喷管向上，再放下机具；也可在放下机具后，喷管向上用背带扣在机架上，防止启动汽油机时齿盘与地面接触而被损坏。

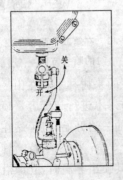

图2-43　打开油箱开关阀

（3）汽油机的启动　按以下顺序操作：①打开油箱上的开关阀（图2-43），轻轻敲击汽化器浮子室外壳，促使浮子浮起；②将油门操纵手柄从调量的下限位置（停车位置）向上移动到调量壳的1/2～1/3的位置上；③将汽化器上的阻风门手柄推向"关"的位置，即将阻风门关小（图2-44）；④用手稍按加浓杆数次（图2-45），迫使浮子将油面升高;⑤将启动绳按右旋方向绕在启动轮上,缓拉数次(图2-46),使燃油进入汽缸;⑥将启动绳按同样方向紧绕在启动轮上,用1只手平稳而迅速地拉启动绳。要防止把启动绳绕在手上,以免手与绳难于脱离,造成事故。在拉动启动绳时,应用脚踏住机器底座,用另1只手按住机器上部,防止机器歪斜。一般拉动3~5次即可启动;⑦启动后,应随即将阻风门手柄拉至"开"的位置,将油门手柄置于调量壳的低速位置(以不熄火为准);⑧低速运转3~5分钟,待机器温度正常后,再提高转速开始工作。

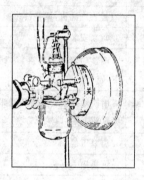

图2-44 关闭阻风门

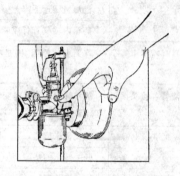

图2-45 按加浓杆

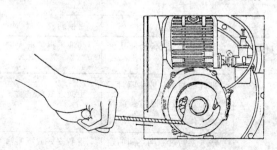

图2-46 启动汽油机

（4）机具主要故障及排除方法　见表2-11。

表 2-11　背负式弥雾机主要故障及排除方法

现　象	原　因	排除方法
喷雾量减少 或喷不出雾	喷嘴堵塞,空心轴孔堵塞	旋下喷嘴、空心轴清洗
	开关堵塞	旋下转芯清洗
	进风门未打开	开启进风门
	引风压力管脱落	重新装牢
	药液箱盖漏气	盖严,检查胶垫圈是否损 坏或变形
	汽油机转速下降	检查汽油机,调整转速
	药箱内输气管拧成麻花	重新安装
射高时喷不出雾	若无上述原因,则是喷头 抬得过高	调整喷管倾斜角度,达到 射高目的
输液管各接头漏液	塑料管因药物浸泡变软或 老化破裂	用铁丝拧紧或剪断开裂部 分重新上紧,调换新管
开关漏水	开关盖未旋紧	旋紧压盖
	开关芯上的垫圈磨损	更换垫圈
药箱盖漏水或跑气	箱盖未旋紧	旋紧
	胶垫圈未垫上	垫正
	胶垫圈损坏	更换新胶垫圈
药液进入风机	药液装得过满,药液从气 管头流入风机	药液不得装得太满
	进气塞与进气胶垫圈封不 严,或进气胶垫圈被药液腐 蚀失去作用	更换进气胶垫圈
	进气塞与过滤网之间的输 气管脱落	重新安好或更换输气管

现　象	原　因	排除方法
叶轮擦风机壳	装配间隙不对	加减垫片,检查调整间隙
	叶轮或风机壳变形	用木锤调平
超低容量喷头的齿盘转速不够致使雾滴变粗	汽油机转速不够,齿盘轴承不灵活,齿盘上的齿磨损	检查汽油机,调高转速,清洗轴承,或更换新轴承,更换新齿盘

(5)注意安全操作　这种施药机具由人背在背后,既可喷雾又可喷粉。喷出的雾滴细小,沉降缓慢,在空中飘浮时间较长,引起施药人员中毒的危险性,比普通手动喷雾器大得多,需特别注意操作安全。

①施药时要安排2～3个人轮换操作　因喷出雾滴细小沉降慢,施药人员处于药雾之中,时间不能过长。这种机械较重,震动剧烈,劳动强度大,施药人员极易疲劳,需轮换休息。

②施药人员要加强个人防护　除穿长衣长裤、戴口罩外,还要特意加戴风镜,颈项系上干毛巾、袖口和裤脚口用带子扎紧,以减少雾滴飘移中穿透污染。背部披垫油布或塑料薄膜,腰部围塑料薄膜围裙。

③施药前仔细检查机具重点部位　有时药箱封闭不严、输液管破裂或接头处松动,漏出药液,应着重查看。

④施药时要看风向定喷药方向　可以从上风头开始,一边向前走,一边向一侧喷药;也可以自下风头田边开始,一边退步走,一边向左向两侧来回喷药。总之,尽可能使施药人员行进的方向与风向垂直,使喷头的方向与风向一致或稍有倾斜,夹角不超过45°。

⑤在用这种药械进行超低容量喷雾时,喷头要尽量保持水平。　在微风条件下,喷头靠近作物顶部,相距在0.5米以内,喷头略微上翘,但仰角应在5°～15°之间;喷头翘高了,雾

滴在空中飘浮时间长,易污染人体。

2. 手提式动力喷雾机 该机保有背负式弥雾机的工作压力高、流量大、工效高的特点。还具有重量轻、携带方便的优点。作业时手提喷雾机放置于适当地方,启动喷雾机后手持喷杆,通过长喷雾胶管可对一定大小面积的农田、花卉及较高的果树、林木喷洒(图2-47)。

表2-12列述山东卫士植保机械有限公司生产的3种手提式动力喷雾机。

图2-47 手提式动力喷雾机对庭院绿化树喷雾

表2-12 3种手提式动力喷雾机

型 号	发动机	工作压力 (兆帕)	流 量 (升)	净 重 (千克)
WS-6Z	1E31F	1.5～2.5	≥6	6
WS-J6	1E34F	1.5～2.5	≥6	6
WSJ-12	1E36F—2A	2.0～4.0	≥12	15

3. 担架式喷雾机的操作方法 担架式喷雾机是指机具的主要工作部件安装在像担架一样的机架上,田间喷药转移时,由作业人员抬着走的喷雾机(彩图5)。可用于大面积水

稻田,也可用于供水方便的其他大田作物、果园、园林等。

担架式喷雾机的型号多数是以液泵的类型(或商标)和流量为特征,如工农-36 型机表示三缸往复式活塞泵,泵的流量为 36 升/分;支农-40 型机表示三缸往复式柱塞泵,泵的流量为 40 升/分;金蜂-40 型机表示商标为金蜂,泵的流量为 40 升/分(图 2-48,图 2-49,图 2-50),它们的动力机是小型汽油机或柴油机。由于它们泵的工作压力和流量,与泵配套的有些部件如吸水、混药、喷洒等部件相同,或结构原理相同,因而有的还可以通用。

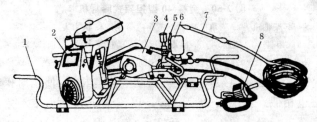

图 2-48 工农-36 型担架式喷雾机

1. 机架　2. 发动机　3. 泵体　4. 调压阀　5. 压力指示器

6. 空气室　7. 喷洒部件　8. 吸水滤网

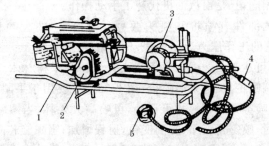

图 2-49 支农-40 型担架式喷雾机

1. 机架　2. 柴油机　3. 柱塞泵　4. 喷枪及喷雾胶管　5. 吸水头及吸水管

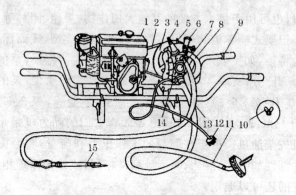

图 2-50　金蜂-40 型担架式喷雾机

1.165F 柴油机　2. 三角皮带　3. 三角皮带轮　4. 压力表　5. 空气室
6. 高压阀组件　7. 隔膜泵　8. 回水管组件　9. 机架　10. 三通（喷雾接头）
11. 吸水过滤器管　12. 吸药过滤器　13. 出水管组件　14. 吸药开关　15. 喷枪

这 3 种型号担架式喷雾机的基本构造相同,使用时操作方法也相似。如工农-36 型机,是以汽油机为动力带动三缸活塞泵进行吸水和压水:当活塞后行(从唧筒退出)时发生吸水动作,活塞前行(压入唧筒)时发生压水动作,把药水压入空气室,通过喷头喷击(图 2-51)。整个工作原理与手动喷雾器的原理相同,只是由汽油机代替了手动操作。

喷洒部件有喷枪和喷头两种。喷枪是 22 型喷枪(图 2-52),它的工作压力为 1.5~2.5 兆帕,喷雾量为 30~40 升/分,射程可达 15~20 米,常用于大片农田和果树林木。还有一种可调喷枪,又称果园喷枪(图 2-53),主要用于果园喷洒,其射程、喷雾角和喷幅均可调节,可喷高大果林,当螺旋芯向后调节时,喷雾角变小,雾滴变粗,射程增加;当螺旋芯向前调节,喷雾角增大,雾滴变细,射程缩短。喷头有双喷头和四喷头两种(图 2-54),工作压力为 1.5 兆帕。双喷头的喷孔直径为 1.3 毫米时的喷雾量约为 2.2 升/分,喷孔直径为 1.6 毫米

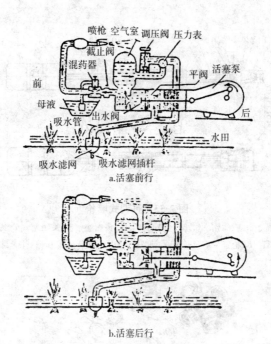

图 2-51 工农-36 型机动喷雾机工作示意图

时的喷雾量约为 3 升/分;四喷头的喷孔直径为 1.3 毫米时的喷雾量约为 4 升/分,喷孔直径为 1.6 毫米时的喷雾量约为 4.8 升/分;因而它们是用于细雾滴近射程的喷洒。

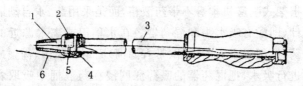

图 2-52 22 型喷枪

1. 喷嘴 2. 喷嘴帽 3. 枪管 4. 并紧帽 5. 垫圈 6. 扩散片

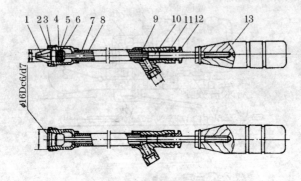

图 2-53 可调式喷枪

1. 喷嘴 2. 喷嘴帽 3. 塑料垫圈 4. 喷头帽座 5. 关闭塞 6. 螺旋芯
7. 调节管 8. 枪管 9. 三通 10. 调节杆 11. 密封圈 12. 压帽 13. 调节手轮

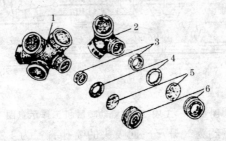

图 2-54 喷 头

1. 四喷头体 2. 双喷头体 3. 旋水套 4. 垫圈 5. 喷头片 6. 喷头帽

担架式喷雾机本身不带药液箱,而是采用药、水自动混合的设计,即配有吸水头和混药器。在水稻田或离水源近的旱田喷药时,把吸水头的插杆(带有滤网)固定在稻田、沟渠或水池中进行吸水,把混药器的吸药滤网浸在药液桶中吸取农药母液,药和水经混药器混合后喷出。配制农药母液的对水倍数,按下列公式计算。

原药对水倍数＝混药器吸原药量(升/分)×喷药液
应对水倍数÷喷枪的喷雾量(升/分)－1

例如,用10%异丙威(叶蝉散)可湿性粉剂375倍液防治稻飞虱,喷枪的喷雾量为28升/分,混药器吸原药量为2.8升/分,求原药对水倍数:

原药对水倍数＝2.8×375÷28－1＝36.5

即配制母液时,每千克10%异丙威可湿性粉剂应对水36.5升。

对低矮作物、喷药液量少的作物及在旱田喷药时就不宜用混药器,卸去吸水头的插杆,将吸水头插入已配好的药液桶中直接吸取药液进行喷洒。

喷洒采取定点作业、喷后转移的方式,即将机具停放在田间或地头一个作业点,由操作人员牵拉喷雾软管喷洒药液,喷完一定面积后再由人抬着或用小车装载机具进行转移。在转移喷药地块时,应先将发动机熄火,若转移时间在15分钟以内,发动机也可以不熄灭,但是需先降低发动机转速,吸药滤网在脱水前降压,关闭截止阀,让泵内液体在泵内循环,保证泵内不脱水以保护机泵。

工农-36型喷雾机常见故障及排除方法,见表2-13。

表2-13　工农-36型喷雾机常见的故障及排除

故障现象	故障原因	排除方法
吸不上药液或吸上的药液很少	1. 吸水滤网未完全浸入药液中	将吸水滤网全部浸入药液中
	2. 滤网孔堵塞	清洗
	3. 吸水部分漏气	找出漏气部位和原因,并排除
	4. 平阀与活塞皮碗托封闭不严	找出不严原因,并排除
	5. 出水阀封闭不严	找出不严原因,并排除

故障现象	故障原因	排除方法
泵出水量不足,压力调不高	1. 活塞胶碗磨损	更换新胶碗
	2. 个别平阀或出水阀不严(污物垫住或磨损)	找出封闭不严的原因,并排除
	3. 出水阀弹簧折断	更换新弹簧
	4. 安全阀被污物垫住或损坏	清除污物或更换安全阀
	吸水滤网孔部分堵塞	清洗
吸水座下面的 3 个小孔漏油或漏水	油封或水封胶圈损坏	更换胶圈
泵曲轴室内机油呈乳黄色并增多	水封胶圈损坏,药液进入曲轴室	更换胶圈

4. 手持电动超低容量喷雾机的操作方法 这类喷雾机在我国曾广为流行,多个厂家在生产,产品型号也较多,但它们的基本结构相同,如图 2-55 所示,以干电池为能源,有用 1 号电池 8 节、5 节或 4 节的,电池装在手把筒内(如 3WCD-5 型)。山东卫士植保机械有限公司生产的 WSCD-5 型机是应用控滴喷雾技术,每台机还配备一个 5 升的加液箱,向机具顶部的 1

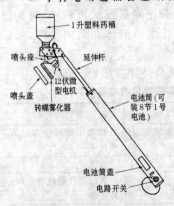

图 2-55 额娃式手持电动超低容量喷雾机

1升塑料药桶
喷头座
延伸杆
喷头盖
12伏微型电机
转蝶雾化器
电池筒(可装8节1号电池)
电池筒盖
电路开关

升药液箱加药液,进行较大面积喷洒作业。江苏省丹阳市电子研究所研究的一种是以蓄电池供电的超低容量喷雾器,有2JDW-3型、JG-Ⅰ型、JDW-Ⅱ型、DW-77-A型等。其优点是蓄电池可以充电,但维护保养比较费事。另有一种手摇式的,以手摇代替电池驱动。

它是利用转盘在高速旋转时所产生的离心力把药液分散成雾状。转盘外缘有360个(或300个)齿尖,微型电机以每分钟8000转左右的速度带动转盘旋转,药液滴在转盘上即流向转盘外缘由齿尖甩出,形成相当均匀的细小雾滴(70～90微米)。如果转盘的转速很慢,或药液流量过大,则齿尖上甩出的将是液丝,液丝再断裂成雾滴,但雾滴大小就不太均匀,因此当转盘的转速下降时,即应更换新电池。为防止浪费,停用时一定要保持器械干燥,特别是电池系统务必不可潮湿;较长时间停用时,要把电池取出来保存在干燥处。

这类喷雾机的田间操作方法与背负式弥雾机超低容量喷雾法相同,但本机自身不产生风,只能把雾滴甩出半米左右的距离,便自由降落。在无风条件下喷洒,雾滴在转盘四周形成一个伞盖状的雾滴帘幕,垂直落地;如果有风吹,雾滴即可随风飘向下风处;所以,使用时必须有2米/秒左右的风,风速小于1米/秒时不宜喷洒,但风速大于5米/秒时也不能喷洒,以免雾滴随风飘失。有效喷幅与自然风力关系见表2-14。

表2-14　手持电动超低容量喷雾机在不同风速下的喷幅

风速(米/秒)	喷幅(米)
1.0～2.0(相当于1级风)	3～4
2.0～3.0(相当于2级风)	4～5
3.0～5.0(相当于3级风)	5～6

操作时,先取下护帽(喷头护盖),转动流量开关至所需流量的位置。机手靠下风向的手拿喷杆的重心处(离喷杆底部45～60厘米处),另一只手拿喷杆端部,药瓶口向上。喷雾时先拨动开关,接通电源,等齿盘转速正常后(经 5～10 秒钟),转动喷杆,使药瓶转动到喷头上方位置,瓶口向下供药,见图2-56 左上角,喷头在机手的下风向,离作物顶端 0.8～1 米高,并立即按预定的方向和速度(0.8～1.6 米/秒)行走至第一个喷幅喷完后,马上转动手把,把药瓶翻转到喷头下方,瓶口向上,停止供药。与此同时,调换两手拿喷杆的部位(无须关闭电源),即向上风向行走至第二个喷幅处,转动喷杆,再次使药瓶倒转供药,喷头仍在下风处,并保持与第一喷幅同样的高度,沿第二喷幅路线行进喷雾。按照此顺序把整块地喷完(图 2-56)。

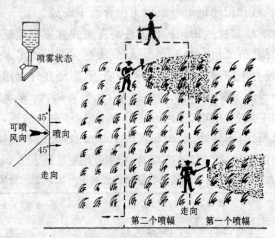

图 2-56　手持电动超低容量喷雾机田间喷雾作业

(走向、喷向及行走路线与风向关系)

另外,还可使用本类机具采用低容量喷雾技术喷洒除草剂,作业时将电动离心喷头的转速降低到 2000～4000 转/分,喷头距离杂草几厘米高,喷头的位置可有 3 种(图 2-57),行走速度与平时步行速度相一致,进行针对性喷雾,每 667 平方米喷药液 2～4 升,所产生的雾滴直径为 100～300 微米。

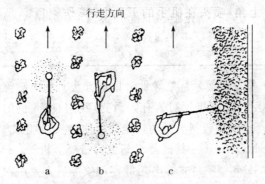

图 2-57　电动离心低容量喷雾技术做针对性喷雾的几种位置
a. 喷头位于操作者前方　b. 喷头位于操作者后方
c. 喷头置于操作者下风向的一侧

本类机具常见故障及排除方法见表 2-15。

表 2-15　手持电动超低容量喷雾机常见故障及排除方法

现　象	原　因	排除方法
喷头旋转不喷雾	流量器堵塞	清理流量器
	进气管不通	用细针管插入吹通,或用细铁丝穿通
滴漏药液	叶轮与流量嘴距离不当	调整叶轮与流量嘴距离(标准为 1 毫米)
	流量嘴断裂	更换流量嘴
	药瓶未拧紧	拧紧药瓶
	瓶口胶垫损坏	更换胶垫

现　象	原　因	排除方法
喷头的叶轮不转或时转时停	导线连接不好	接好导线
	开关接触不良	修复开关
	电池电量不足	更换电池
	微电机的电刷接触不良、脱落、磨损,拉簧折断,导线与整流子开焊	重新检修或更换微电机

5. 静电超低容量喷雾机的操作方法　静电喷雾技术,国外在 20 世纪 50 年代初就有人研究,我国自 20 世纪 70 年代末开始研究,并研制出风动转笼式雾化喷头、静电击碎式液力喷头及 MGE-5 型手持式静电超低容量喷雾机等。

MGE-5 型手持式静电超低容量喷雾机主要由喷头总成、药液瓶、静电高压发生器和伸缩把手组成(图 2-58)。

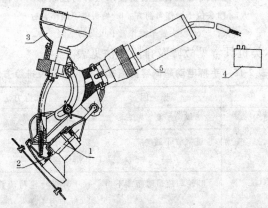

图 2-58　MGE-5 型手持式静电超低容量喷雾机
1. 电机　2. 喷头总成　3. 药液瓶　4. 静电高压发生装置　5. 伸缩把手

电机(图 2-59)是喷头总成的关键部件,也是喷雾机的关键部件。采用永磁直流微型电机,转速为 8 000～12 000 转/分。喷头固定于喷头支架上,支架上有螺栓,可调整喷雾角度,喷头的喷孔直径有 1 毫米、1.2 毫米及 1.4 毫米 3 种。雾化盘呈碟状,盘的内侧及边缘制成均匀分布的细小锥状尖齿,使药液沿着它有规则的甩出一条条细丝液,断裂后形成雾滴,并借助于高压电场的力,使雾滴有方向地、均匀地覆盖在作物体表面上。

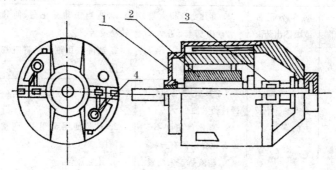

图 2-59　电机结构

1. 机座　2. 转子　3. 换向器　4. 炭刷

静电高压发生器产生的高压为 20～30 千伏。

伸缩把手由 2 根粗细不一的塑料管组成,可以根据喷洒需要自由调整,并保证喷头及高压电极与操作者保持一定的距离,保护操作者的安全。

使用喷雾机之前,应保证电源电压充足;高压发生器接好地线,一端拖于地上,使接地线与地面保持良好的接触;电机通电空转,检查运转是否正常,若正常,即可准备喷洒。

药液瓶的容积为 1 升,加药液后旋紧瓶盖。调整伸缩把手,使喷头距离操作者 1 米以上。连接好静电高压发生器,合上电源开关,能听到吱吱的尖叫声,表示已有高压输出。待电机运转正常后,翻转药液瓶,使喷头对准目标喷洒。采用顺风作业,以免药雾污染人体。喷洒结束时,先将喷头翻转朝上,再关闭电源,并将喷头电极与作物轻触一下,以放完剩余高压电。

静电喷雾机常见故障及排除方法列入表 2-16。

表 2-16　MGE-5 型手持式静电超低容量喷雾机常见故障及排除方法

	故障现象	故障原因	排除方法
喷头总成部分	喷雾不正常或喷不出药液	1. 雾化盘压得太紧 2. 出药管、进气口阻塞	1. 适当松动雾化盘,使其转动灵活 2. 清洗或用细钢丝将阻塞处捅通
	药液滴漏不雾化或有较大的雾点	1. 未启动电机,就翻转药液瓶 2. 雾化盘角度不对或雾化盘内侧有异物 3. 药液瓶盖未旋紧	1. 参照使用说明书操作 2. 对照使用说明书,调整或清除杂物 3. 旋紧瓶盖
	雾化盘旋转缓慢	1. 电机引出线松动 2. 炭刷磨损严重 3. 轴承锈蚀或有污垢 4. 电源电压过低	1. 重新接好连线 2. 换新炭刷 3. 清洗轴承、去除污垢 4. 对蓄电池充电或更换新电池
	雾化盘不转动	1. 连接导线断了,接头、开关接触不良 2. 电机炭刷脱落,炭刷弹簧失效无力 3. 换向器焊头脱落 4. 电源电压严重不足	1. 更换导线,拧紧各接线柱,调整电源开关或更换 2. 重新装好炭刷,更换弹簧 3. 焊好接头 4. 对蓄电池充电或更换新电池

故障现象	故障原因	排除方法
静电高压发生器部分	无振荡声,无高压输出,电机不转	1. 电源输入断线 2. 充电插口接触不良 3. 电路元件损坏	1. 换线 2. 调整或更换 3. 更换
	有振荡声,电机旋转,无高压输出	1. 升压部件损坏 2. 高压线圈损坏	1. 更换升压部件 2. 更换高压线圈
	有高压输出,电机不转	1. 电机损坏 2. 整流电路损坏	按雾化盘不转动的排除方法 1~3 项处理或更换电机
	高压不足	1. 电源电压不足 2. 高压部件漏电或局部击穿 3. 高压电缆断裂	1. 对蓄电池充电或更换新电池 2. 更换高压部件 3. 更换高压电缆
	有打火声或见火花	整流元件损坏	更换整流元件

(四)拖拉机喷雾法——大田喷杆喷雾技术

拖拉机喷雾法就是用拖拉机带动喷雾机进行喷雾,其中使用配备有长喷杆,并在喷杆上安装若干个喷头的喷杆喷雾机,进行宽喷幅均匀喷洒的称为大田喷杆喷雾技术。它已广泛用于大豆、小麦、玉米、棉花等大田作物的播前、播后苗前喷洒除草剂处理土壤及作物生长前期茎叶喷雾,也用于公路边杂草的喷药防治。

喷雾机与拖拉机连接方式有牵引式和悬挂式两种。悬挂式即固定式,是将喷雾机的各部件安装在拖拉机上。20 世纪 70 年代后期,我国引进一大批这类大型喷雾机,同时国内这类喷雾机的制造也有较大发展，先后生产了不少种类，例如 QP10-100 型牵引式喷雾机和 XMP10-650 型悬挂式喷雾机 (黑龙江省 853 农场制造)、SWM-650 型悬挂式喷雾机(黑龙 江省克山农场农机修造厂制造)、3JD-11 型悬挂式喷雾机(山 西省山阴农牧场制造)、3W-1700 型牵引式喷雾机(新疆石河 子植保机械厂制造)、3W-1500 型牵引式喷雾机(黑龙江省迎 春机械厂制造)、3WFX-50 型弥雾喷粉机(江苏省三河农场农 机修造厂制造)等。现时常见有拖拉机牵引的 3W-2000 型喷 杆喷雾机(图 2-60)，拖拉机悬挂 3WM10-650 型喷杆喷雾机 (图 2-61)，固定式 3W-8.4 型吊杆式喷雾机(所有喷雾机的零 部件均固定在泰山-25 型拖拉机上)，ALPHA2000 型喷杆喷 雾机(图 2-62)等。最后一种为自走式的，在喷杆上方装有一 条气袋，气袋下方对着每个喷头的位置开一出气孔，作业时由 风机往气袋里供气，产生强大的下压气流，将喷头喷出的雾滴 带入株冠层中，提高雾滴在作物各部位沉积量(彩图 6)。上 述喷杆喷雾机的构造和工作原理基本相同，现将与喷雾操作 的有关内容介绍如下。

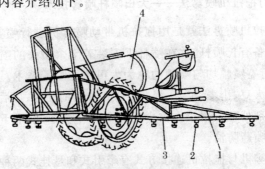

图 2-60 牵引式喷杆喷雾机外形图

1. 喷杆桁架　2. 喷头　3. 喷杆　4. 药液箱

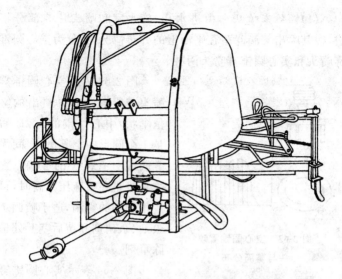

图 2-61　拖拉机悬挂 3WM10-650 型喷杆式喷雾机

图 2-62　ALPHA2000 型风送式喷杆喷雾机

1. 喷头的选择　喷头是喷雾机的重要部件,它虽然很小,但却决定着喷雾质量的好坏,直接关系到施药的效果。用于拖拉机喷雾的喷头主要是液力式喷头,分圆锥雾喷头和扇形雾喷头两类。

（1）圆锥雾喷头　由进水孔、旋水室和喷头片 3 部分组成，按其喷出雾滴降落在平面上的分布情况，又分为空心圆锥雾喷头和实心圆锥雾喷头两种。

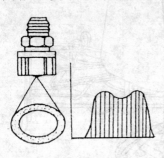

图 2-63　空心圆锥雾喷头与雾滴分布

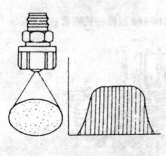

图 2-64　实心圆锥雾喷头与雾滴分布

图 2-63 表示空心圆锥雾喷头与雾滴分布。喷出的雾呈伞状，中心是空的，落地后是 1 个圆形中空雾斑，中间无雾滴或只有极少的雾滴。在喷雾量小和喷施压力高时，可产生较细的雾滴，适于喷洒杀虫剂、杀菌剂和苗后茎叶处理除草剂。

图 2-64 表示实心圆锥雾喷头与雾滴分布。喷出的雾滴降落地面后是 1 个实心的圆形雾斑，在雾斑内雾滴较为均匀。雾流中间部分的药液未能充分雾化，雾滴较粗，但穿透力较强。适于喷洒苗前土壤处理除草剂和苗后触杀型除草剂。

圆锥雾喷头的喷雾量、喷雾角、雾化性能取决于进水孔的尺寸、倾角和旋水室的尺寸、喷头片喷孔直径及构造。我国应用的旋水芯喷头的规格见表 2-17。

表 2-17　旋水芯喷头和性能规格

型　号	NP-07	NP-10	NP-13	NP-16	NP-18	NP-20
标记号	07	10	13	16	18	20
喷孔直径(毫米)	0.7	1.0	1.3	1.6	1.8	2.0
配用双槽旋水芯 0.4 兆帕时喷量 (毫升/分)	250	360	450	600	650	750

(2)扇形雾喷头　与圆锥雾喷头相比较,雾滴较粗,雾流分布范围较窄,但定量定向控制性能较好,能较精确地洒施药液(彩图 7)。按其喷嘴的孔口形状可分为狭缝式和导流式两种。

狭缝式扇形雾喷头的孔口窄小呈椭圆形,药液以扁平扇形薄膜自孔口喷出,与大气撞击而破碎成为扇形雾流,药液沉积有正态式和均匀平雾式之分(图 2-65,图 2-66)。

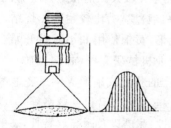

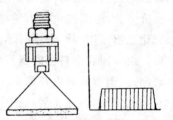

图 2-65　正态式分布

中间沉积药液多,向两侧逐渐递减。这种喷头适合安装在水平喷杆上使用,相邻喷头的雾形相重叠,可获得喷幅内药液均匀的沉积分布。主要用于喷洒杀虫剂、除草剂,也用于飞机喷雾

图 2-66　均匀平雾式分布

单个喷头内药液沉积均匀,不必与相邻喷头的雾形重叠。

适合于行上或行间喷洒,特别是适于苗带状喷洒除草剂

导流式扇形雾喷头的孔口呈圆形,较大。药液由孔口喷出,冲向在孔口外的一个具有弯曲面的反射体上,能展散成较宽扇形雾头(图2-67)。药液沉积是中间较少些,两侧较多些。这种喷头使用时的压力较低,一般为40～120千帕,它的雾化性能较差,雾滴粗,目的是为了防止雾滴飘移伤害作物,多用于喷洒除草剂。

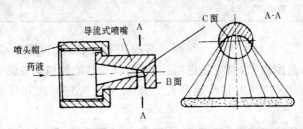

图2-67 导流式扇形雾喷头

(3)国产刚玉瓷芯喷头 喷嘴是喷头的主要部件,用不同材料制成的喷嘴,其耐磨损性能差异很大。铜和塑料喷嘴,虽然价格低,但磨损快。不锈钢和陶瓷喷嘴比较耐磨。烧结三氧化二铝使用300个小时不变形,黄铜使用8小时就开始变型。由中国农业科学院南京农业机械研究所(邮编:210014)研制、湖南省株洲火花塞厂生产的狭缝式扇形雾刚玉瓷芯喷头(图2-68),以刚玉瓷(含95％三氧化二铝和少量铬等)为喷嘴芯,外镶塑套,具有抗酸碱腐蚀、耐磨以及耐高温特性,一般使用寿命是黄铜的130倍,不锈钢的20倍,以颜色表示喷头流量的大小,并按60°,110°的喷雾角度分为60和110系列(表2-18)。它除用于喷洒农药外,也可喷洒液体肥料,是国产比较理想的喷头。

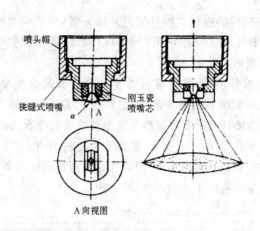

喷头帽

狭缝式喷嘴

刚玉瓷
喷嘴芯

A向视图

图 2-68　狭缝式扇形雾刚玉瓷芯喷头

表 2-18　国产狭缝式扇形雾刚玉瓷芯喷头系列

编号	喷头型号		外套颜色	不同压力下的喷雾量(毫升/分)									
	60系列	110系列		100(千帕)	200(千帕)	300(千帕)	400(千帕)	500(千帕)	600(千帕)	700(千帕)	800(千帕)	900(千帕)	1000(千帕)
02	6006	11006	黄	346	490	600	693	725	849	917	978	1039	1095
03	6008	11008	粉红	491	694	850	981	1097	1202	1298	1388	1472	1552
04	6012	11012	大红	693	978	1200	1386	1549	1697	1833	1960	2078	2191
05	6017	11017	绿	981	1388	1700	1963	2195	2404	2597	2776	2944	3104
06	6024	11024	蓝	1386	1960	2400	2771	3098	3394	3666	3919	4157	4382
07	6034	11034	灰	1963	2776	3400	3926	4389	4808	5197	5552	5889	6208
08	6048	11048	黑	2771	3919	4800	5543	6197	6788	7332	7838	8314	8764
09	6068	11068	白	3926	5552	6800	7852	8879	9617	10787	11104	11778	12415
10	6096	11096	棕	5543	7838	9600	11085	12393	13576	14664	15677	16628	17527

2. 喷杆的选择　喷杆一般分 3 段或多段,能折叠,便于运输和贮藏。喷杆长度应与药箱容积相适应,一般 400～1 000 升药箱配 10～12 米长的喷杆,1 100～2 000 升药箱配

15～18 米长的喷杆。喷杆应有升降装置,便于调整喷头的高度。喷杆上喷头间距离最好是可以调节,便于调整喷幅或进行苗带喷洒。

3. 喷杆、喷头的安装与调整 喷杆安装高度要适当,过低受地形影响容易造成漏喷,过高受风力影响雾滴覆盖不均匀。通常喷杆高度要根据喷头类型和喷头的喷雾角度确定,一般距地面高度 40～60 厘米,最高不超过 80 厘米(图 2-69)。

若使用扇形雾喷头,应把喷杆高度调整到使两个相邻喷头的扇形雾面有约 1/4 的重叠(图 2-70)。

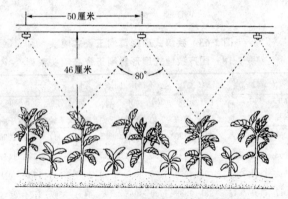

图 2-69 正确的喷杆高度示意图

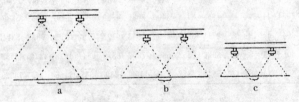

图 2-70 喷杆高低示意图

a. 喷杆过高,扇形雾面重叠太多　b. 喷杆高低适宜,扇形雾面重叠正确

c. 喷杆太低,扇形雾面重叠不上,造成漏喷

喷杆安装要与地面平行,否则喷出的雾滴覆盖不均匀(图 2-71)。

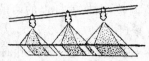

图 2-71 喷杆与地面不平行对喷洒效果的影响

在喷杆上可安装多种型号的喷头。喷头型号可根据喷洒药剂的种类和喷药液量来选择。扇形雾喷头有多种喷雾角的,要挑选相同喷雾角的喷头安装在同一喷杆上,可调节喷头使喷出的雾面方向与喷杆形成一个较小的角度(10°),并使喷杆上所有喷头的雾面方向完全一致,以免喷出的雾滴相互撞击,雾滴覆盖不均匀。图 2-72,图 2-73,图 2-74,图 2-75 是喷头在喷杆上正确安装与不正确安装的示意图。

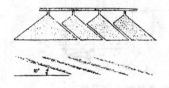

图 2-72 喷头喷雾扇面与喷杆正确调整角度

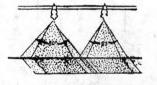

图 2-73 不同角度(80°和 65°)的喷头不能安装在同一喷杆上,否则会影响喷洒效果

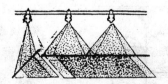

图 2-74 喷头与喷杆的角度不一致时,造成各喷头的扇面不相同,药液覆盖面不一致

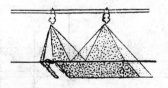

图 2-75 喷头磨损或堵塞造成喷洒不均匀,应及时更换或疏通

在 3W-8.4 型吊杆喷雾机上，每吊杆下部左、右各装有 2 只喷头向作物两侧喷雾，喷头的方向可调整，吊杆的间距可根据作物的行距任意调整，在横喷杆上的两吊杆之间又装 1 只喷头，自上向下喷雾（图 2-76，图 2-77），从而对植株形成了"门"字形立体喷雾，使植株的上下部和叶面、叶背部都能附着药液。还可根据需要用无孔的喷头片堵住部分喷头，以省药液。

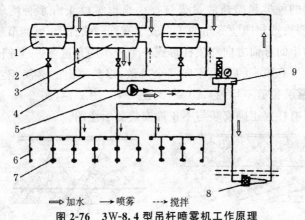

⇒加水　→喷雾　--→搅拌

图 2-76　3W-8.4 型吊杆喷雾机工作原理

1. 前药液箱　2. 开关　3. 后药液箱　4. 回水搅拌　5. 活塞隔膜泵

6. 吊杆　7. 喷头　8. 射流泵　9. 调压分流阀

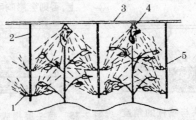

图 2-77　吊杆喷雾机作业示意图

1. 吊杆喷头　2. 吊挂喷杆　3. 横喷杆　4. 顶喷头　5. 边吊挂喷杆

4. 喷液量测定 喷杆上每个喷头在单位时间内的喷液量都应均匀一致，同型号的喷头安装调整后，还必须测定每个喷头的喷液量。测定方法是：药箱装上水，把拖拉机停放在平整的地面上，启动机车后，定油门，定泵压，待正常喷洒后，用量杯或其他容器对每个喷头接水 1 分钟，量其出水量。重复 3 次，各喷头出水量的误差超过 10％时，要调换后再测，直至一致为止。喷杆上装的喷头较多，如接水容器数量不够，可以分批测定。测得单个喷头的平均喷液量，再乘以喷杆上的喷头个数，就是这台喷雾机的喷液量。

在使用铜质喷头作业时，每喷洒 10 小时应再校正 1 次喷液量，看因喷头受磨损喷药液量增加多少。如喷液量增加在 20％以内，还可以用降低车速来调节；如喷液量超过 20％，应更换喷头。

5. 估测车速 车速就是喷药时拖拉机行进的速度。车速快，喷液量小；车速慢，喷液量大。一般车速不超过每小时 8 千米，喷洒除草剂则应控制在每小时 6 千米以内为宜。根据测得的喷液量、喷幅和确定的施药液量，按如下公式计算车速。

$$车速（千米/小时）=\frac{喷液量（升/分）\times 600}{喷幅（米）\times 施药液量（升/公顷）}$$

式中：喷幅＝喷头间距离（米）×喷头个数

喷液量＝单个喷头喷液量（升/分）×喷头个数

例：1 台喷雾机有喷头 29 个，喷头间距离 50 厘米，测得单个喷头喷液量为 1 升/分，确定的施药液量为每公顷 200 升，按上述公式即可求出所需车速。

$$车速=\frac{1\times 29\times 600}{0.5\times 29\times 200}=6\ 千米/小时$$

由于田间地面平整状况会影响车速,在作业前应先实测在田间行走的实际车速,以求与计算的车速相符合。

6. 配制喷洒药液　要先在药箱中加入一半清水,再加液体制剂,然后加满清水。如用可湿性粉剂,应先将药剂放到 1 个桶里对少量水,配成母液,再往药箱里加。可湿性粉剂与乳油混用时,先将可湿性粉剂配成母液,再加乳油进行搅拌,待完全均匀后再加入药箱。向药箱内对水和药剂后,应先开启液泵将药液搅拌均匀才可喷施。

7. 田间喷洒作业　包括大田及果园防治病虫害的喷洒和大田化学除草喷洒。

防治大田作物病虫害时,根据作物形状、生长发育状况和病虫发生或栖息地点,在水平喷杆上安装多个喷头,从各个角度向靶标喷施。

防治果园病虫害时,可采用高压喷枪,其顶端装有可调涡流室深浅的圆锥雾喷头,根据树冠大小、高矮进行调节。喷施压力一般在 0.7 兆帕以上。

防治大田杂草,如向地面全面喷施除草剂,最好选用扇形雾喷头。喷施压力宜在 0.3 兆帕以下,以免因压力大,形成的小雾滴数目增多,飘移到邻近田区引起敏感作物药害。喷施土壤处理除草剂时,为避免重喷漏喷,地头要留枕地线,待全田喷完后再横喷地头。苗带施药或苗后施药,拖拉机行走路线最好和播种、中耕时的路线一致。

喷洒时,应先给动力,后打开送液开关喷洒;停车时,应先关闭送液开关,后切断动力。在地头回转过程中,动力输出轴应始终旋转,以保持药箱中药液的搅拌,但送液开关是关闭着的。药液将要喷洒完时,应切断搅拌回液管路,避免因回液搅拌造成喷头流量不均。如果喷雾机药箱上没有安装液位观察器,当看到压力表上的指针发生颤动时,则表明药箱已空,应立即把拖拉机的动力输出轴脱开,以免液泵脱水运转。

每天喷药结束后,要用清水冲洗药箱、泵、管路、喷头和过滤系统。改换药剂品种或改换不同作物时,要彻底清洗,尤其是在喷洒除草剂时,更须注意彻底清洗。全部喷药作业完毕,清洗干净后要涂油保养。

8. 注意安全操作　有人以为拖拉机喷药不用人动手,跑得又快,不会引起中毒,因而忽视了安全操作,从而导致中毒事故的发生。

拖拉机喷药的安全操作主要是防止药剂污染驾驶员。各种拖拉机喷雾机喷药,都是驾驶员在前,喷头固定在后架上,对着正后方喷雾,由于喷头固定,药雾对驾驶员污染程度,取决于风向和风速,顶风前驶喷药,药雾向后飘移,碰不到驾驶员;垂直风(横风)或侧风喷药,稍有污染;顺风或侧风风速大于车速,污染背部。不论风向、风速如何,一般是顺着农田四周循环喷药,在一定方向或多或少会使驾驶员身上沾到雾滴。

为保护驾驶员,在小型拖拉机喷雾机上,把喷头安置在离座位 2 米以远的高架上,可以减少行驶时的污染;在座位后面装活动挡雾罩,根据风向调节方位,阻挡药雾。大型拖拉机喷雾机的喷头,一般安装在离座位 10 米以远,由驾驶员远距离操作就安全多了。

拖拉机喷药,用药量大。运到地头的农药要有专人看管。

9. 高压动力喷雾机　有拖拉机牵引式和手推式两种,其共同特点是采用手持式高压、轴流旋心喷枪,射程远(达 22 米),且雾化细,解决了远程直喷和近程细雾喷洒需要更换喷枪的麻烦。

牵引式高压动力喷雾机采用前转向转盘式牵引架,专用轮胎,避免了喷洒作业过程中压伤草坪和农作物。固定最大喷雾作业半径达 300 米,每小时喷洒面积 8 公顷(彩图 8、彩图 9)。

推车式高压动力喷雾机的车架牢固、重心低、轻便,能在各种凹凸不平的地面作业。配有 50 米长软管,提高作业范围,还配有双喷枪,作业效率更高(彩图 10)。

(五)拖拉机喷雾法——果园风送式喷雾技术

小农户果园在喷雾时,一般是采用手动的单管喷雾器和踏板手压式喷雾器,或是机动的背负式弥雾机和担架式喷雾机。但是,在工业化国家很早就在使用果园风送式喷雾机,我国也在研究推广这类喷雾机。它是适合用于较大面积果园施药的大型机具,多半是用中小型四轮拖拉机做动力,且不像一般喷雾机仅靠液泵的压力使药液雾化,而是依靠风机产生强大的气流将雾滴吹送到果树的各部位,风机产生的高速气流有助于雾滴穿透稠密的果树枝叶,并促使叶片翻动,提高药液附着量,而不会损伤果树的枝叶或果实。

我国目前有 50 马力拖拉机牵引 3WG-1000 型(图 2-78,图 2-79)和 25 马力拖拉机牵引 3WG-800 型果园风送式喷雾机,1000 或 800 分别表示该机药液箱的容积(升),两机的水平射程为 12～15 米,垂直射程为 7～8 米。

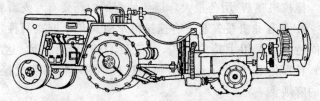

图 2-78　3WG-1000 型果园风送式喷雾机外形

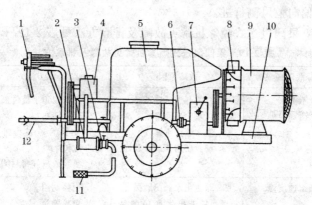

图 2-79　3WG-1000 型果园风送式喷雾机结构

1. 调压分配阀　2. 过滤器　3. 吸水阀　4. 液泵　5. 药箱
6. 联轴器　7. 增速箱　8. 喷洒装置　9. 轴流风机
10. 底盘　11. 吸水头　12. 万向节

　　果园风送式喷雾机配备有轴流风机,适合用于生长高度 5 米以下的乔砧果园或经改造的乔砧密植果园。当用于低矮果树或葡萄园喷雾时,仅需小风量和低风速作业,此时降低拖拉机发动机转速(即适当减小油门,降低风机转速)即可。

　　喷洒装置由左右两侧分置的弧形喷管部件和径吹式喷嘴组成。喷管上每侧装置喷头若干个,呈扇形排列;在喷嘴的顶部和底部装有挡风板,以调节喷雾的范围。根据果树株高,调整挡风板角度(减少或增大开启度),使喷出的雾流正好包容整棵果树。

　　液泵的工作压力一般控制在 1.0～1.5 兆帕,顺时针转动泵的调压阀,使压力增大;反之,压力减小。

　　拖拉机在果园行走速度一般在 0.5～1 米/秒,即 1.8～3.6 千米/小时。操作者应尽可能位于上风口,避免处于药液雾化区域,一般应从下风处向上风处进行作业,同时,机具应略偏向上风侧行进。

果园风送式喷雾机常见故障及排除方法见表2-19。

表2-19 果园风送式喷雾机常见故障及排除方法

故障现象	故障原因	排除方法
吸不上水	1. 开关开启位置不对 2. 吸水头滤网堵塞 3. 吸水管严重漏气 4. 缺少密封圈或没放好	1. 重新校正手柄位置 2. 清除堵塞 3. 更换有破裂孔洞、老化的吸水管 4. 重装或放好密封圈
吸水速度慢	1. 泵进出水阀门磨损 2. 泵进出水阀门弹簧折断 3. 吸水管路漏气、堵塞 4. 水池水位太低,吸水困难	1. 更换阀门 2. 更换弹簧 3. 应检查、排除 4. 改善吸水条件
调压失灵	1. 调压阀弹簧损坏 2. 压力表损坏	1. 更换弹簧 2. 应检修或更换压力表
压力表压力不稳,表针摆动大,泵出水管剧烈抖动	1. 泵气室充气压力不足或过大 2. 泵阀门损坏 3. 气室膜片损坏	1. 应充足气或放气至规定压力 2. 更换阀门 3. 更换膜片
压力调不上,出水明显减少	1. 过滤器滤网堵塞 2. 泵三角带磨损,传动打滑	1. 清除堵塞物 2. 更换三角带
喷雾不均匀或喷不出雾	1. 喷头喷孔堵塞或磨损 2. 泵不供液	1. 清理或更换喷头 2. 检查泵的工作状况或清理过滤器

故障现象	故障原因	排除方法
隔膜泵油杯口窜出油水混合物，柱、活塞泵在出水管路出现含油混合物	1. 隔膜泵膜片破裂损坏 2. 柱、活塞泵内密封圈损坏	1. 更换膜片 2. 更换密封圈
雾化不良	1. 液泵压力过低 2. 喷头喷孔磨损失圆	1. 调高压力 2. 更换喷头
喷幅、射程不够	1. 风机转速低 2. 风机三角带磨损、打滑	1. 加大拖拉机油门，提高发动机转速 2. 更换三角带 3. 调整风机排风口挡风板

(六)飞机喷雾法

飞机喷雾法就是用飞机装载喷雾机进行喷雾。它是效率最高的施药方法，以国内目前采用运五型飞机为例，每架次作业面积：平原为 20～30 公顷，山区为 17 公顷左右。一般一架飞机每天可喷洒 300～500 公顷。飞机喷雾适用于连片种植的作物，以及果园、草原、森林、孳生蝗虫的荒滩或沙滩等地块。

飞机喷雾的技术要求较高，也较复杂，现将用户须掌握的技术和要做的工作简述如下。

1. 施药作业区划的制定　农田飞机施药作业区划应在安排农业生产计划和地号设计时通盘安排，一般要求如下。

第一，机场应设在作业区的中心或近于中心，作业区半径以 10 千米左右为宜。

第二,将计划飞机喷雾的作物大面积连片种植。根据地形、地物、作物和灌溉渠系等情况,在飞机喷雾前将作业区划分为各个小区,标出作物种植面积、地块长宽度、邻近作物种植的种类(喷洒除草剂时更应注意有无敏感作物)、作业顺序和架次,以便安排作业。

第三,作业小区以长 2 000 米、宽 60 米以上为宜,并尽量将村庄、池塘、空地、障碍物等划出作业小区以外。

第四,作业区为正东、正西的地块,不要安排在日出日落时作业,以免飞行员看不清引导信号。

根据上述要求,绘制出 1/25 000 或 1/50 000 的作业图,图上标出作业区号,最好标出作业地块、村庄、高大建筑物、高压线、忌避作物区、鱼塘和养殖场等。作业图是飞机喷雾作业依据之一,图一式两份,机组和地面指挥各持 1 份。

2. 喷头的选择　飞机喷雾用的喷头分为液力式喷头和雾化器喷头两类。

(1)液力式喷头　有扇形雾喷头和圆锥形雾喷头两种。扇形雾喷头喷出的雾滴较粗,一般用于喷洒除草剂。圆锥形雾喷头喷出的雾滴较细,多用于喷洒杀虫剂和杀菌剂。

液力式喷头有一系列型号,运五飞机采用 5 种方孔形喷头,其喷嘴规格(毫米)为 $1\times5,2\times5,3\times5,4\times5$ 和 5×5。喷头安装数量根据单位面积喷药液量而定,一般每 667 平方米喷药液 2 700 毫升以上时安装喷头 80 个,每 667 平方米喷药液 2 000 毫升时安装喷头 60 个,每 667 平方米喷药液 1 350 毫升时安装喷头 40 个。运五飞机也使用民航徐州设备修造厂制造的狭缝式扇形雾喷头 7616-400 型,一般安装 65 个(彩图 11)。

空中农夫飞机采用扇形雾喷头,型号为 8008 和 8015,

8008 喷出的雾滴较小，8015 喷出的雾滴较大，一般安装 40～60 个。

调控雾滴大小，一般采用两种办法。一是选用喷头型号；二是调整喷头在喷杆上的角度，一般 180°角为大雾滴，135°角为中雾滴，90°角为小雾滴，45°角为细雾滴（图 2-80）。

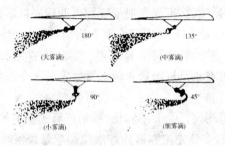

图 2-80　喷头角度与雾滴细度

（2）雾化器喷头　它是目前国外飞机上最通用的喷头，国内自 1975 年就开始使用，但仍不普遍。雾化器喷头有转盘式和转笼式两种。国内使用的为转笼式，为一圆柱形，外罩合金丝纱笼；进口的 AU3000 型和国产的 QMD-1 型都装有 5 个风动桨叶，AU5000 型装有 3 个桨叶。调整桨叶的角度即可控制雾化器的转速。桨叶的角度大则转速小，形成的雾滴就粗；桨叶的角度小则转速大，形成的雾滴就细。所以，超低容量喷雾（每 667 平方米喷药液 67～330 毫升）一般采用 10°或 15°角，低容量喷雾（每 667 平方米喷药液 3 300～6 700 毫升）一般以 45°角为宜，但在早晚气温低、湿度大时，采用 35°或 45°角可增加雾滴数量。

雾化器安装数量是由翼展、预定喷幅和喷头型号而定。运五飞机安装 AU3000 型或 QMD-1 型 6 个（彩图 12）。运十一飞机安装 4 个。空中农夫飞机安装 AU5000 型 6 个。

3. 喷洒药液的配制　飞机上药箱的容量为 1 000 升,可按此容量计算每架次需用农药量。当用可湿性粉剂配药时,先用少量(50 升左右)水配成母液,并经 250 目铁纱网或尼龙网过滤后,再采用以下方式往药箱中配药、装药:①先往药箱中加入半箱(约 500 升)清水,再加入母液,最后加足到要求的用水量。但须注意,不能先把母液加入药箱底以后再加清水,因为那样会造成上下层药液浓度不均匀,同时也使喷杆里充满浓的母液,喷洒后容易引起药害。②从机身侧面用泵往药箱中加水,可在水泵进水管靠近水泵处安装 1 个小管,插入母液中,当往药箱中泵入清水时,按量把母液泵入。这样既方便,又稀释得均匀。③大型农场、林场可修建固定的水泥配药池(彩图 13),并预先按容量标好水位。配悬浮液可先配成母液过滤入池中,再加所需水量,搅拌均匀。当用乳油、水剂等液态制剂配药时,可先往池中加入所需水量一半左右,再往池中加入药剂,最后加足所需水量,搅拌均匀。加药时,用药泵(一般为水泵)从机身侧面加药孔把药液泵入药箱。④采用移动式加药车。加药车有自走式和牵引式两种,均配有药箱和大型水箱,飞机作业到哪里,加药车就跟到哪里,非常方便、及时。

4. 导航　通常以地面信号导航为主。地势平坦的农牧区,视野开阔,以移动式信号旗为主。面积大、田块大小一致的农田,如垦区农场的农田多为长宽相当整齐划一的条田,就可以利用道路、渠道、护林带等作为导航的信号。山区的地形多较复杂,常采用固定信号。

在以移动式信号旗导航时,信号员(打旗人)应注意的事项有:

第一,为便于飞行员辨认,信号旗应选择与作物不同的颜色,一般为红色、黄色、橘黄色或红白两色旗。信号员服装的颜色与作物不同。

第二,信号队按长边每隔 500～1 000 米 1 人,顺向排列,横向移动。几块相邻地块联合作业时,横垄方向长的,信号队横向排列。在水稻田,信号队可与水渠或田埂垂直排列,队形直,移动迅速。

第三,信号队应提前进入作业区地号,不能让飞机在空中等待信号队。信号队应根据风向、风速,排列和移动信号旗。先从下风头开始,逐渐往上风头作业,以避免飞行员在药雾中飞行,也避免信号员在药雾中行走。

第四,引导最初 1 个喷幅时,信号员应在第一个喷幅的中心(经过修正风影响以后的位置),然后每次移动 1 个喷幅。

第五,当发现飞机时,左右摆动信号旗。当看到飞机已对准航线时,就要马上跑步到下 1 个喷幅去,准备打信号。

第六,飞机在信号队上空通过,风向突然变反时,因飞机不便修正,此时信号队应作移动幅度修正。即该架次,当 90°侧风,风速 2 米/秒时前移 6 米,风速 3 米/秒时前移 21 米。下一架次即转入正常作业幅度移动。

5. 喷洒除草剂预防药害 飞机喷雾时,由于飞得高和雾滴细,雾滴飘移严重,尤其在进行低容量和超低容量喷雾时,雾滴飘移更为严重。据笔者测定,在稻田低容量喷洒马拉硫磷与稻瘟净的混合水乳液,雾滴飘移达 300 米以远;在内蒙古草原超低容量喷洒 2,4-滴丁酯油剂,由雾滴飘移和 2,4-滴丁酯挥发的气体能引起 600 米远处的敏感作物受药害。可见,在喷洒除草剂时预防药害的重要性。

(1)合理规划作业区,留出安全保护带 在规划作业区时,把敏感作物的分布和敏感程度标示到作业图上。作业时,对毗邻的敏感作物区以红色（如红旗）标示,禁止喷洒。作业方向应与敏感作物或林带平行,不要穿越敏感作物区或林带,并留出不喷药安全保护带。在风速 4 米/秒时,作业区距敏感作物安全保护带的宽度是:①在作业区两端有敏感作物时,顶风喷洒时对敏感度大的作物,于开始处留 200 米,结束处留 500 米的安全保护带,顺风喷洒时对敏感度大的作物,于开始处留 50 米,结束处留 300～400 米的安全保护带;②在作业区一侧有敏感作物时,当风吹向敏感作物,对敏感度大的作物留 300～400 米的安全保护带,敏感度中等的作物留 200～300 米的安全保护带。当风向与敏感作物平行时,敏感度大的作物留 100～200 米侧安全保护带,敏感度中等的作物留 50～100 米侧安全保护带。当风背向敏感作物时,敏感度大的作物留 30 米侧安全保护带,敏感度中等的作物可不设侧安全保护带。

（2）应采用针对性喷洒　它要求飞行高度较低,喷幅较窄（通常为机翼的 1.5 倍）,雾滴沉降速度快、飘移较少。

（3）严格飞行操作　喷嘴全部安上橡皮垫,以阻止喷管内余液外流,防止飞机空中滴药（拖尾巴）,造成作物药害。尽可能保持 5～7 米的飞行高度,减少雾滴飘移。当气象条件不利于作业时,应立即停止作业。

6. 飞机施药时应注意地面安全工作　飞机施药是由配药员、装药员、信号员和飞行员组成的联合作业。其工作程序是:先配药、装药,再飞到喷药地点,随信号旗移动,飞行喷药。因此做好地面的安全工作十分重要。

第一,选用毒性较低的农药,特别是用于超低容量喷雾的农药,一般要求农药原药对大鼠急性口服致死中量（LD_{50}）值在 100 毫升/千克体重以上。中国民航总局规定喷洒用的油

剂中含 LD_{50} 值在 $50\sim100$ 毫克/千克体重的农药不得高于30％。这些规定是为了防止在装药、修理和清洗喷洒装置时人被药剂污染,也为了防止喷洒后细小雾滴在空气中飘浮时间过长,对皮肤和呼吸道造成污染。

第二,机场应有专用农药仓库,专人看管。配药、装药处离居民点 500 米以远。配药最好在专用药池里进行,经液泵输送至飞机上的装药箱,从而可避免用桶提药向装药箱加药时对人体的污染。

第三,信号员在施药区工作,易受药雾、药粉污染,要加强个人防护,戴防护眼镜和口罩,穿长袖衫、长筒裤。

第四,保护居民安全。喷药作业的边缘离居民区至少300 米。施药前做好安全宣传,施药区内饮水井加盖,暂停使用,不要晾晒食物,人和畜禽不得进入作业区。

第五,作业区内的蜂箱、牲畜等要转移到安全地区,水塘、鱼池、蚕场等应设禁喷的明显标志,并留出安全保护带。

第六,喷洒毒性较高的农药时,作业区应禁止人、畜通行。喷药后要竖立标志,在一定时间内禁止放牧、割草、挖野菜等,以防人、畜中毒。

(七)喷雾法使用的农药和水

1. 喷雾法使用的农药剂型　喷雾法是使用喷雾机具喷洒药液,因而可配成药液的多种剂型的农药都可用于喷雾法,如乳油、水乳剂、微乳剂、水剂、可湿性粉剂、水分散粒剂、悬浮剂、可溶性粉剂以及油剂等,但它们的应用范围和要求有所不同。

(1)可用于高容量和中容量喷雾的剂型　凡是能对水配成药液的剂型,均可用于高容量和中容量喷雾。这些剂型的有效成分含量多在 20%～90% 之间,属高浓度制剂。这些剂型中的乳油、水乳剂、悬浮剂等已含有足够的表面活性剂(乳化剂、润湿剂),对水配成的喷洒液有较好的乳化性、分散悬浮性及在作物体上的润湿性。可湿性粉剂中有些厂家的产品的悬浮性和润湿性较差,使用时应注意检查。悬浮液放置时间长就容易发生沉淀,在机动喷雾机的药箱内装有搅拌装置,一些手动喷雾器也有搅拌装置,但国产手动喷雾器尚未安装搅拌装置。配好的悬浮液若放置时间较长,必须重新搅拌后再喷。可溶性粉剂和水剂,目前大多数产品如杀虫双水剂、代森铵水剂、敌百虫晶体等未加入润湿剂,对水配制喷洒液时需加入适量润湿剂,如中性洗衣粉,一般加入量可占喷洒液量的 0.05%～0.1%。酸性或强电解质的水剂最好选用非离子型润湿剂或拉开粉(化工染料商店有售)。笔者曾每 667 平方米用 18% 杀虫双水剂 180 克喷雾防治稻纵卷叶螟,施药后 7 天的防治效果,加洗衣粉的为 100%,未加洗衣粉的仅为 85.7%。

(2)可用于低容量和很低容量喷雾的剂型 所有高容量喷雾时使用的剂型均可用于低容量和很低容量喷雾,但在使用可湿性粉剂时要注意某些含量低的制剂(如 20% 异丙威可湿性粉剂),填料量很大,配成的喷洒液若太浓稠,易堵塞喷头,就不宜用于很低容量喷雾。

(3)可用于超低容量喷雾的剂型 一般需选用油剂。流动性好的悬浮剂也可对少量水后使用。在乳油中加入适量柴油可用于地面超低容量喷雾。有些地方把乳油对少量水配成浓稠乳液做超低容量喷雾用,建议使用前向有关技术部门咨询。

2. 喷雾法使用水的水质 用于配制喷洒药液的水,其水质,如它所含的金属离子、悬浮物及 pH 值等对农药及农药使用效果可能造成的影响,使用者必须有所认识。

自然界的水,如河水、井水,由于各地的地质差异及土壤类型和性质的不同,使水质也有很大的差异,尤其是井水差异更大。例如,福建南靖县有座土楼,名叫和贵楼,楼中两口水井,相距 18 米,井水水位均高于地面,右边那口井的水,清亮如镜,水质甜美,井中几条红鲤鱼翩翩游动,而左边那口井的水,浑浊发黄,污秽不堪,完全不能饮用。这种奇特现象,至今专家学者还未能给出令人信服的科学解释。又如我们曾在某个农场,同一瓶农药乳油,用生活区内一口井的水,可配成很好的药液,而用相距 500 米的农场浇地的井水就配不好,根本不能喷雾。这种现象提醒我们,在配药前应检查水的质量是否适用。

(1)水的硬度 水的硬度会影响配制农药喷洒液的稳定性。为了抵抗水中所含无机盐产生的硬度对农药喷洒液的不良影响,在生产乳油、可湿性粉剂、悬浮剂、水分散粒剂等农药产品中都添加有适宜的助剂,使之能抗硬水的影响。例如,在检查乳油的乳化性能所使用的水为小于 342 毫克/升(以碳酸钙计)标准硬水,而一般井水是不会超过这个硬度的,是可以用来配制农药喷洒液的。但是在盐碱严重的地区,有些井水是苦水,硬度特别高,不适合用来配药。

还应指出一点,使用真正的、纯净的极软水配制农药喷洒液并不一定就好。从事农药研究和生产的人员都知道,如果用蒸馏水检查乳油的乳化性能,反而难以过关。这也提示我们:配制农药喷洒液,并非水越软越好,如果用雨水、雪水来配药,不一定就好。

(2)水中不溶性杂质 水中的不溶性杂质主要有植物碎片等不溶性固体和来自汽车、拖拉机滴漏的油或其他不明来源的油都对药液雾化过程起破坏作用,降低喷雾质量。

水中悬浮的不溶性固体物的粒子越粗,喷出的雾滴越粗,还易堵塞喷头。虽然各种喷雾器具都规定有过滤装置,但有的过滤性能不佳,有些劣质喷雾器甚至没有过滤装置。

(八)衡量喷雾质量的指标

施药质量(包括喷雾质量)包括药剂在施药区域内的沉积分布状况和所取得的防治效果两个方面。因而评价施药质量的指标划分为理化指标和生物指标。

理化指标主要有雾滴直径、雾滴有效覆盖密度和均匀度、农药回收率等。

生物指标主要有药效、对作物安全性(包括对邻近作物的安全性)、作物产量、对施药人员安全性等。

喷雾时,只要达到了理化指标的要求,较理想的生物指标就会有保证。

1. 雾滴的尺寸 雾滴尺寸亦称雾滴直径,是衡量喷雾质量最重要的指标。在一次喷雾中形成一个雾滴群,其中大的和小的雾滴均占少数,中间的占多数,正如一群人中,高个子和矮个子的人均占少数,中等个子的人占多数一样。若把这个雾滴群中的雾滴按直径从小往大排列,再以体积从小到大顺序累加到达全部雾滴总体积一半时那个雾滴的直径大小叫做体积中值直径(简称体积中径,符号为 VMD);当从小往大顺序按雾滴个数累积到达全部雾滴总个数一半时那个雾滴的直径大小叫做数量中值直径(简称数量中径,符号为 NMD)(图 2-81)。

图 2-81　NMD 与 VMD 含义的示意

（NMD线左右两侧的雾滴数相等，VMD线两侧的雾滴之体积相等）

　　由图 2-81 可见少数大雾滴的体积就相当于多个细小雾滴的体积，这是因为球形雾滴的直径若缩小一半，1 个大雾滴就可分割为 8 个小雾滴（图 2-82）。因此，要求一个雾滴群中的雾滴大小尽可能均匀。

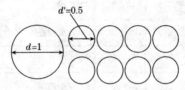

图 2-82　雾滴直径缩小一半，雾滴数可增加 8 倍

　　不同喷雾方法所形成的雾滴大小是不相同的（图2-83）。不同施药目标物上最适宜的雾滴大小也是不相同的（表2-20，表 2-21）。

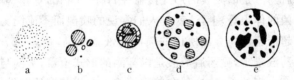

图 2-83　喷雾、弥雾、烟雾、烟剂的点滴大小比较

（放大 75 倍）

　　a. 烟剂的烟点，直径在 0.3～2 微米之间，烟点为固体

　　b. 烟雾的雾点，直径在 1～40 微米之间，雾点为油剂　c. 弥雾的雾点，平均的直径约为 80 微米，为比较浓的乳剂　d. 一般的乳液喷雾的雾点，平均的直径约为 200 微米，小圆球为乳化的油珠　e. 一般的悬浮液喷雾的雾点，平均的直径约为 200 微米，黑块为悬浮在水里的固体药剂

表 2-20　不同施药目标最适宜的雾滴大小范围

施药目标	雾滴大小(微米)	施药目标	雾滴大小(微米)
飞翔中的害虫	10~50	植物叶表面	40~100
栖息在叶面的昆虫	30~50	土壤	250~500

表 2-21　某些生物靶体所能捕获的最佳雾滴粒径

生物靶体	最佳雾滴粒径(微米)	生物靶体	最佳雾滴粒径(微米)
枞树(*Douglas fir*)、针叶	11~35	菜尺蠖幼虫	20~50
西方枞树卷叶蛾幼虫	16~50	棉铃虫幼虫	12~48
枞树卷叶蛾幼虫	20~50	棉花生长点	20~80
棉铃象甲成虫	20~50	飞翔中的蚊子	4~16

2. 雾滴覆盖密度与分布均匀性　　常量喷雾法每 667 平方米喷药液量大,多为 30~50 千克,因而又称大容量喷雾法。喷药后药液是以液膜的形式覆盖在目标(作物的茎叶、害虫与病原菌的体表等)上,这就是人们常说的喷湿而不流淌。低容量和超低容量喷雾法所用的喷洒药液浓度高,而每 667 平方米喷药液量少,喷药后药液是以雾滴的形式覆盖,雾滴与雾滴之间有一定的距离,这种在单位面积上沉积雾滴的数量,就叫做雾滴覆盖密度,常以个/厘米^2 表示。在单位面积上喷施药液量固定的条件下,雾滴直径大小与雾滴覆盖密度成反相关,即雾滴直径愈小,雾滴覆盖密度就愈大,且雾滴分布愈均匀(图 2-84)。

在喷药防治时需要多大的雾滴覆盖密度才合适,这要根据农药品种、使用浓度、雾滴大小以及作物和有害生物的生长

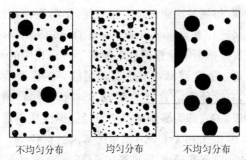

不均匀分布　　　　均匀分布　　　　不均匀分布

图 2-84　农药分布均匀性比较示意

发育特点、阶段等有关因子在田间进行实测才能得出。同一种农药，如 25％乐果油剂，当雾滴质量中径为 70 微米，防治小麦蚜虫所需的雾滴覆盖密度为 3～4 个/厘米^2，防治稻飞虱为 10 个/厘米^2；用 25％敌百虫油剂 70 微米的雾滴防治 3 龄以下的蚜虫所需的雾滴密度为 8～10 个/厘米^2，防治 4 龄以上的蚜虫为 15 个/厘米^2。若用 25％马拉硫磷油剂防治低龄蚜虫，则需 20 个/厘米^2。

3. 雾滴覆盖密度与雾滴直径的测定方法　测定雾滴覆盖密度的方法较多，这里仅介绍一种简易的方法。

自制纸卡，将优质白纸截成生物显微镜使用的载玻片大小，在 0.1％浓度苏丹黑 B 丙酮溶液中浸 1 秒钟，取出晾干待用。采集时要等雾滴完全干后再收取，以防相互摩擦而损害斑点的形状。雾滴斑点为灰黄色，在阳光下显得更清楚，此斑点可保持 2～3 个月，但微小雾滴 2～3 天即消失，因此，要及时进行测定。

当需要同时测定雾滴直径时，可采用氧化镁薄板法。把洗净晾干的若干载玻片并排在一起，用支架架起，在载玻片下方点燃镁条使镁氧化而产生极细的氧化镁白色粉末，呈烟态，熏结在载玻片向下的面上，形成比较疏松的薄层。在喷药前，于作物行间,每隔一定距离插一根竹竿,竿高达作物株冠顶层,再将氧化镁玻片平稳地平放或平夹在竹竿顶上(彩图 16)。喷雾后雾滴沉降撞击氧化镁薄层时便留下一个相应的圆坑,即雾滴痕迹。检查圆坑数即得雾滴覆盖密度。在显微镜下测量圆坑的内径,它比原雾滴直径约大 16.3%。因此,将测得的圆坑内径值乘以 0.86 即为雾滴的真实直径。但此法不适用于测量直径小于 10 微米和大于 300 微米的雾滴的直径。

4. 农药的沉积量与回收率 农药沉积量是指喷药后在靶标上(作物、有害生物体、地面等需要药剂降落的靶体)每单位面积上沉积的药量,用微克/厘米^{2}表示。其准确测定方法需有专门实验室和专用分析仪器,且较为复杂,这里介绍一种较为简便但较粗放的比色管对比法。

选着色剂丽春红 G(或其他着色剂),并配成一系列(约 15 个)递降浓度的溶液,分别装入内径一致的玻璃试管(最好是正方形的)中,严密封口。喷药后,从田间采样材料(塑料板、金属板或玻璃板)或直接从叶片上用水洗脱沉积物,经定容后装在同样内径的玻璃管中,与标准系列浓度管相参比,便可计算出农药的沉积量。必须指出,在此前需将着色剂丽春红 G 按一定比例和量准确加入喷雾液中,并确定其与农药有效成分的量的比例关系。

农药回收率是指沉积在靶标上的药量占施药量的百分率。农药回收率高,表示在靶标上沉积的药量多,施药质量高。例如,在 667 平方米地上喷药 50 克(指有效成分),降落在作物或有害生物体上真正起防治作用的药量为 25 克,则农药回收率为 50%。

大量的试验数据表明,不同喷雾方法对农药沉积量和农药回收率的影响较大,差异也明显。一般来说,采用低容量和超低容量喷雾的农药回收率比常规高容量喷雾的高。例如，用背负式弥雾机进行超低容量喷洒 25％马拉硫磷油剂，农药回收率为 73％；用背负式手动喷雾器喷洒 50％马拉硫磷乳油 1000 倍液，农药回收率仅为 39％。又如，飞机低容量喷雾比常规喷雾的农药回收率一般高 10％。

三、喷 粉 法

喷粉法是利用机械产生风力把低浓度的农药粉剂吹散，使粉粒飘扬在空中，再沉落在作物上或防治对象上。它是施药方法中较为简单的一种，其主要特点是使用方便、工效高、不用水，在干旱、缺水地区更具有应用价值。但由于喷粉时飘扬的粉粒能污染环境，使喷粉法的应用受到限制，应用范围逐渐缩小，飘移严重的飞机喷粉已基本不再应用。目前仅在特殊环境的农田，如封闭的温室、大棚，郁闭度高的森林、果园、高秆作物，生长后期的棉田和水稻田还在使用。在大面积的芦荡、辽阔的草原、孳生蝗虫的荒滩等，使用飞机喷粉仍不失为一种有效方法。

喷粉法按采用的施药手段可划分为手动喷粉法、机动喷粉法和静电喷粉法 3 大类。

（一）手动喷粉法

手动喷粉法是用手摇喷粉器由人力驱动风机产生气流进行喷粉的方法。手摇喷粉器也称手动喷粉器，目前国内常用的有胸挂式手摇喷粉器和背负式手摇喷粉器，其主要技术性能与规格列入表 2-22 中，两类喷粉器的工作原理相同，现以丰收-5 型（图 2-85）来说明使用方法。

表 2-22　手摇喷粉器主要技术性能与规格

技术性能与规格	胸 挂 式			背 负 式	
	丰收-5型	联合-5型	LY-4型	丰收-10型	3FL-12型
外形尺寸(长×宽×高) (毫米×毫米×毫米)	1 000×630×285	260×410×350		350×220×450	670×350×500
粉箱容量(升)	5	5	4	10	12
机具净重(千克)	6	5	4	6	5
手柄转速(转/分)	36	52	35	52	45
风机转速(转/分)	1 780	1 610	1 650	1 610	1 330
风量(立方米/分)	0.8	1	0.85	1	1.08
出口风速(米/秒)	10	12	12	12	12.3
最大喷粉量(升/分)	0.3	0.45	0.25	0.65	0.45
喷粉射程(米)	2	2	2	2	4～6
空载扭矩(牛·厘米)	196	176	137	177	134

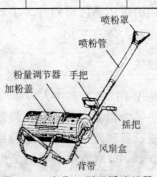

图 2-85　丰收-5型手摇喷粉器

使用时按照需要,在出粉嘴处依次装上喷粉管和喷粉头,采用直管喷粉或叉形管喷粉(图 2-86)。直管单喷头的喷幅为 0.5 米,叉形管双喷头的喷幅为 2.6 米。喷粉时,左手握住喷粉管,右手按顺时针方向转动摇把;摇动后,拧松开关盘上翼形螺母,逐渐搬动开关调节到所需出粉量位置,拧紧翼形螺母;转动摇把,驱动风扇叶轮转动产生高速气流,把药粉喷出吹散;当桶内药粉较少时,可向左倾斜一些,使药粉便于通过松粉盘进入开关盘。停止喷粉时,先关闭粉门开关,再摇动摇把几下,把风机内药粉全部喷干净。

图 2-86　使用直管或叉形管喷粉的情况

为保证喷粉质量和喷粉安全,操作时应注意几点。

第一,药桶装粉前,先把开关关上。药粉不可装满,最多不能超过桶体积的 3/4,黏重的药粉装量还应少些,以便空气流通。

第二,转动摇把的速度一般为每分钟 30～35 转,且快慢要一致。转速不够,所产生的风速和风力不足,就影响药粉的分散和分布。

第三,喷粉管应放平,或稍向前下方倾斜,以利于药粉排出。如果把喷粉管抬高向上喷,往往造成药粉积压在喷粉管内或风扇盒内,不能正常喷粉,或药粉从风扇盒漏出来。

第四，要顺风喷粉。若逆风喷粉，应把喷粉管移向身体后面或两侧面（图 2-87），以免喷出的药粉沾在喷药人的身上。

图 2-87　喷药时前进方向应顺风或侧风以免药粉沾在身上

第五，喷粉过程中，如果药粉从喷粉头成堆落下或者从桶身及出粉开关处冒出，表明出粉开关开度过大，药粉进入风机过多，应立即关闭出粉开关，适当加快摇转摇把，让风机内的积粉喷出，然后再重新调整出粉开关的开度，使之达到正常喷粉。

第六，喷粉过程中，如果遇到不正常的碰击声，摇把摇不动或特别沉重，应立即停止摇动，停止喷粉，修理好后再使用，切不要硬摇，以免损坏机件。摇把不能倒摇。

手动喷粉器常见故障的排除方法见表 2-23。

表 2-23　手动喷粉器常见故障的排除方法

故障现象	故障原因	排除方法
手柄和风机都能转动，但喷不出药粉或喷得很少	1. 加粉时未关闭粉门开关，叶轮内积存大量药粉，引起堵塞 2. 粉门开关开度过大或手把转动次数不够，引起药粉堵塞 3. 喷粉管路被堵塞 4. 药粉湿度太大 5. 输粉器与粉箱底的间隙过大或过小	1. 关闭粉门开关，拆下喷粉管，清除积粉 2. 清除积粉，适当减小粉门开关开度，增加手把转动次数 3. 拆下喷粉管，清除管中积粉或杂物 4. 将药粉晒干，研细 5. 检查并调整输粉器与粉箱底的间隙。正常间隙应为 $2.0\sim3.3$ 毫米

故障现象	故障原因	排除方法
手柄沉重或摇不动	1. 药粉内有杂物,堵塞搅拌片 2. 齿轮箱变形或箱内部零件卡住 3. 粉箱底残留粉受潮结块,叶轮主轴被抱死	1. 倒出药粉,清除杂物,清理堵塞,清除粉中的杂物 2. 拆开齿轮箱,检查修理或更换零件 3. 拆下搅拌片,清除结块的药粉
手柄能摇动,但叶轮不转	齿轮与主轴间的销钉或主轴与叶轮联结的销钉松动、脱出或折断	更换新件
出粉开关失灵	开关失去弹性	拆下风机齿轮箱部件,从桶身内取出开关片,加以调整

LY-4 型是立摇式,其特点是药粉桶竖直,手摇把在桶身上方,绕直立轴转动,在对较高的作物如棉花、油菜、玉米等喷粉时,手摇把不会缠绕、损伤植株。

丰收-10 型背负式手摇喷粉器的桶身为肾脏形,与人体背部贴合,桶身外面下部还有一根下腰带,以提高操作平稳性。

3FL-12 型是揿压式,采用上下摆动手把,以减少对作物的损伤。药粉桶为立圆形,桶身外面装有背垫,以保证操作时平稳舒适。

(二)粉 尘 法

粉尘法是手动喷粉法的一种特殊形式,就是在封闭的温室、大棚里喷粉使粉粒在空间扩散、飞翔、飘浮形成浓密的粉尘,并悬浮一段时间(一般约半小时)后再沉落在作物体上。

粉尘法使用的喷粉器仍为手摇喷粉器,但在喷粉时要摘掉扇形喷粉罩头,让药粉从直管中直接喷出,使粉尘分散得更好。为使喷口的风速达到 8 米/秒以上,使用丰收-5 型手动喷粉器的摇转速度应不低于每分钟 35 转,使用丰收-10 型喷粉器不低于每分钟 50 转。排粉速度为每分钟 150～200 克。

粉尘法具体操作因棚室种类而异。

1. 塑料大棚喷药　从大棚的尽头沿中央走道向出口处退行,左右匀速摇动喷管,当植株高大时还可将喷管上下波动结合左右摇动喷粉,当退到出口处,停止喷粉,把棚门关上即可。

2. 土温室喷药　背向北墙面向南喷,从温室尽头沿墙侧行至门口,停止喷药,把门关上即可。

3. 拱棚喷药　因棚矮人无法直立行走,可在棚外作业,即每隔 5 米左右把棚布揭开 1 个口,把喷粉管插入喷撒即可。

熟练的喷粉者,从棚室一头喷到另一头,能把药粉恰好喷完。如还有余粉,可把棚室一侧的棚布拉起,从开口处把余粉喷完。如果剩的药粉过多,可多拉几个口把药喷完。

粉尘法施药后,药粉在空中要飘浮半小时以上。因此,最好在傍晚施药,以免影响农事作业。

粉尘法仅适用于棚室等保护地作物生长中后期应用,不宜在苗期应用,因为苗期作物矮小,若采用粉尘法施药,会使大量的药粉沉落在地面上,损失太大。不要将粉尘法随意扩大到露地使用,因为在露地使用后,药粉飘失很多,污染周围环境。

(三)机动喷粉法

机动喷粉可以使用背负式弥雾喷粉机或拖拉机喷粉机,

目前主要是使用背负式弥雾喷粉机,当用于喷粉时可根据需要,选用直管(短管)或长塑料薄膜管喷撒,每小时可喷撒0.67～2.3公顷,工效较高。

1. 直管喷粉 适用于短距离喷粉,使用的喷粉管形状如图 2-88,喷粉工作原理如图 2-89 所示。喷粉时,机手的右手提喷粉管控制喷向,左手操纵粉门操纵杆控制喷粉量。喷口距作物 2 米左右,射程约 15 米。在无风或一级风时,是针对性喷施作业,机手行走的同时左右摇动喷头,一般以走 1 步将喷头左右各摆动 1 次为宜。当风力较大时,走向最好与风向垂直,喷向与风向一致或稍有夹角,从下风向的第一个喷幅的一端开始喷粉。

图 2-88　短距离喷粉的喷管装置

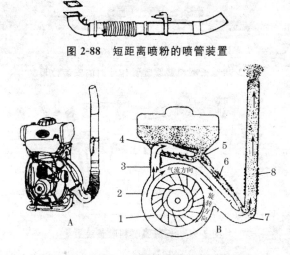

图 2-89　东方红-18 型弥雾喷粉机喷粉状态

A. 外形图　B. 结构和工作原理图

1. 叶轮装组　2. 风机壳　3. 出风筒　4. 吹粉管

5. 粉门体　6. 输粉管　7. 弯头　8. 喷管

2. 长塑料喷管喷粉　将图 2-88 的直管更换成长塑料薄膜喷管(图 2-90)即可喷粉。该喷管长 20～25 米,直径为 10厘米,沿管长度方向每隔 20 厘米有 1 个直径 9 毫米小孔(图2-91),安装时将小孔转朝向地面或向后倾斜,使药粉能均匀地向下喷出,还能在离地面 1 米左右的空间飘悬一段时间,较好地穿透作物株冠层而均匀沉积分布。

图 2-90　长塑料薄膜喷管作业时的安装位置

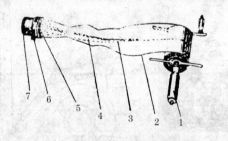

图 2-91　长薄膜塑料喷管装置

1. 绞车　2. 塑料薄膜管　3. 尼龙绳

4. 松紧带　5,6. 卡环　7. 接管

喷粉时由 2 人操作。1 人背机并操纵油门、粉门和长喷管的一端,另 1 人拉住长喷管另一端牵引,使喷管横跨农田

（图 2-92，彩图 18）。两人平行前进，行走速度要一致，保持喷管有一定弧度（飘浮）。不要硬拉喷管，因为喷管壁很薄，仅有0.1～0.14 毫米厚，经不起摩擦，切不可使喷管与地面摩擦，可以用汽油机的转速和排粉量来控制飘浮程度。汽油机转速增加，排粉量减少，喷管就向上飘；反之，则喷管往下沉。在喷粉过程中，还应随时抖动喷管或用手敲击喷管，迫使喷管末端存留的药粉从小孔喷出。作业行走路线见图 2-93。

图 2-92　大田喷粉作业

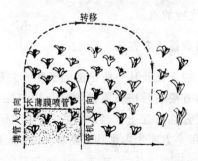

图 2-93　长塑料薄膜管作业行走路线

(四)静电喷粉法

农药静电喷粉法是在用静电喷粉机进行喷粉时,通过喷头的高压静电给农药粉粒带上电荷,又通过地面给作物的叶片和叶片上的害虫带上相反的异电荷,靠这两种异性电荷的相互吸引力,把农药粉粒紧紧地吸着在叶片上或害虫体上,其附着量比常规非静电喷粉的多5～8倍,粉粒越细小,越容易附着在叶片和害虫体上。

气温对静电喷粉的效果基本无影响,但空气潮湿对静电喷粉效果的影响大。因此,应在晴天进行静电喷粉,并注意防止静电喷粉机受潮。

风力能影响静电喷粉的效果。在风速1.5～2.5米/秒的情况下,随着风速的增加,靶标作物上附着药剂的量逐渐减少。风速达3米/秒以上,则影响更大。因此,最好选在无风或风力很小时进行静电喷粉。

国外早在1960年就开始研制静电喷粉机,我国福建省福州市农药科学研究所(邮编350011)于20世纪90年代初期研制出便携式静电喷粉机,通过防治蔬菜害虫和油松松毛虫试验,均取得优异的效果。

(五)喷粉质量检查方法

粉粒细度的意义及其与粉粒覆盖密度的关系参见第一章有关部分。检查喷粉后粉粒覆盖密度与均匀性,可采用玻璃片上涂抹一层甘油或凡士林接取粉粒,用扩大镜观察着药情况,一般要求每平方厘米内平均有粉粒15粒以上。

四、施 粒 法

施粒法就是抛掷或撒施颗粒状农药的方法。因所施的颗粒粗大，受气流影响很小，容易降落在靶标上，因而特别适合于地面、水田和土壤施药，用于防除杂草、地下害虫以及土传病害等。

在地面和土壤中施颗粒剂，颗粒中的农药在土壤水分中溶解、扩散，发生药效作用。在水稻田和其他水面施颗粒剂，药粒迅速沉落到水底的泥土层，颗粒中的农药溶出后扩散到泥土中或被作物根部吸收，发生药效。在某些作物如玉米、甘蔗、菠萝的心叶中施入颗粒剂，药粒由喇叭口流入，能防治钻蛀性害虫。

（一）施粒法用的农药

施用的是颗粒剂农药，其颗粒大小差异很大，一般是在100～2 000 微米之间，小于 60 微米的称为微粒剂，大于 2 000 微米的称为大粒剂，有一种重达 50 克的颗粒剂则称为粒霸。

任何一种颗粒剂的粒子虽然不会大小相同，但是有一个粒度范围，颗粒剂的粒度范围用标准筛的筛目表示。筛目数值越大，其筛孔越小，能通过的颗粒越小；反之，筛目的数值越小，其筛孔越大，能通过的颗粒越大。在用标准筛筛分颗粒剂时，能通过一种大号筛目，而不能通过另一种小号筛目，这种颗粒剂的粒度规格就用大小两种筛目来表示。例如 20～40 筛目的颗粒剂，就表示可通过 20 号筛目而不能通过 40 号筛目。

一种农药颗粒剂的粒度该是多大为宜，主要应根据作物特征、病虫草害特点、药剂理化性能以及撒施方式等因素来决定。施于玉米喇叭口的颗粒剂，一般选用较小的颗粒，但也不能太小，太小了易沾附在心叶上。施于地面的颗粒剂，其粒度为 25～35 筛目或 30～60 筛目；施于土壤的颗粒剂，其粒度为 18～35 筛目或 20～40 筛目。

防治水生杂草和水田害虫，以往多使用 8～16 筛目或 16～30 筛目的颗粒剂。现在，利用水田有水的特定环境条件，开发了多种粒径更大的颗粒剂，施用极为方便、安全。杀虫双在水中扩散快，扩散范围大，又易被泥土吸附，就可加工成大粒剂，每 667 平方米用 1 千克约有 2 000 粒，平均每平方米水面可着药粒 2～4 粒，抛掷距离可达 20 米左右，只须走在田埂上向田间抛施即可。日本开发的水面漂浮粒剂，每袋装粒 150 克，站在田埂上，每 667 平方米抛施 6～7 袋，数分钟完成施药，水溶性包装袋，入水溶化，药剂扩散田水中。一种叫除草剂粒霸的大粒剂，每粒重 50 克，每 667 平方米抛施 13～14 粒，入水后快速溶解、扩散。还有一种水面直接抛施的胶囊剂，每囊装药 50 毫升，每 667 平方米抛 6～7 个胶囊，囊皮入水溶化，药剂扩散到田水中。

(二)施粒方式

概括起来有 5 种。

1. 徒手抛撒　由于目前国内还没有专用的商品化施粒机具供应，因而这是各地采用较多的一种撒粒方式，如同撒颗粒尿素一样。对人体安全的颗粒剂可以直接用手抛撒，但对于高毒的颗粒剂，如甲拌磷(3911)颗粒剂、克百威(呋喃丹)颗粒剂、涕灭威颗粒剂等，必须按要求戴手套撒施(彩图 19)。

2. 手动撒粒器抛撒　手动撒粒器有手持式和胸挂式两种。使用手持式撒粒器时,施药人员边行走边用手指按压开关,打开颗粒剂排出口,药粒就会自由沉落到地面。可以条施或穴施。使用胸挂式撒粒器时,将撒粒器挂在胸前,边行走边用手摇动转柄驱动药箱下部的转盘旋转,把药粒向前方呈扇形抛撒出

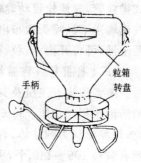

粒箱
转盘
手柄

图 2-94　手摇撒粒器

去,均匀散落地面(图 2-94)。以步速 25 米/分,摇速 100 转/分,撒播幅度可达 3～6 米,7～10 分钟撒 667 平方米。撒粒均匀,且可控制撒粒的方向及流速,保证施药质量。

农民自制的畜力施粒器,是在畜力播种器上安装一个施粒装置,使播种与施粒同步进行,一次完成两项作业。

手动撒粒器也可以自制。取透明或半透明塑料瓶,在瓶盖上打 1 个孔,孔径约 1 厘米。装入颗粒剂,盖紧瓶盖。施药时,倒转瓶子,使盖朝下,轻轻晃动,药粒就顺流而下撒出。

大面积施药时也可自制背袋撒粒器。用较厚的塑料布做袋子,上大下小,下边接 1 个上粗下细的塑料管或铁皮管,管口孔径 1～1.5 厘米,用木塞塞住。施药前,把颗粒剂装入袋中,背在背上或挂在胸前,下田后拔掉木塞,手持管子左右摆动,药粒就顺流而下地撒出去。

3. 机动撒粒机抛撒　机动撒粒机有背负式和拖拉机牵引或悬挂式两种。有专用型的,也有喷雾、喷粉、撒粒兼用型的。大多采用离心式风扇吹送颗粒剂。背负式弥雾喷粉机的直管喷粉设备就可喷撒农药颗粒剂。

有一种悬挂在拖拉机后部的施粒机,药箱下部装有槽轮

式排粒管,靠地轮带动旋转把药粒排入输粒管,在风机产生的气流输送下经喷头撒布出去。有的施粒机下部装有开沟器和覆土器,可将开沟、施粒、覆土一次完成。

4. 飞机撒粒 将撒粒器安装在飞机上进行颗粒剂的喷撒。笔者用运五飞机及其喷粉装置,成功地撒施杀虫双颗粒剂防治水稻三化螟。每 667 平方米用 5‰杀虫双颗粒剂 1 千克,颗粒形状为圆柱体,直径约 1 毫米,长 3～4 毫米,每克药剂有颗粒 109～140 个,飞机撒施后测定每平方米田面落粒 120～130 个,完全可满足防虫需要,确保药效。

5. 根区施粒法 也叫深层施粒法,它是颗粒剂的一种特殊施药方式。具体做法是,将杀螟丹、克百威、嘧啶氧磷、乐果、乙酰甲胺磷等内吸杀虫剂加工成块粒状或球状,每粒重 0.15～2 克,每丛稻施 1 粒,施药深度 2.5～6 厘米。由于药粒埋于稻根区,能很快被根吸收,很少溶散到田水里,从而显著延长持效期,不影响水生动物和天敌。

这里介绍一种用甘蔗渣和黏土作填充料自制药粒的方法。其组成为:杀虫剂 3%,黏土粉 80%,甘蔗渣(通过 20 目筛)7%,纸浆废液(调节 pH 值)10%。先将甘蔗渣与黏土粉混合均匀,用喷雾器把杀虫剂与纸浆废液的混合液喷拌于蔗渣泥粉中,并制成小团粒,风干备用。

五、熏 蒸 法

熏蒸法是用熏蒸剂在常温下蒸发成为气体,于密闭条件下熏杀病、虫、鼠的施药方法。熏蒸剂的气体渗透力非常强大,可渗入到任何空隙,有"无孔不入"的能力。因此,对于防治在密闭的仓库、车厢、船舱、集装箱中,特别是在缝隙和隐蔽处的有害生物,采用熏蒸法效率最高、效果最好。

熏蒸法所使用的熏蒸剂,在常温之下有的是瓶装液体,如氯化苦、敌敌畏等;有的就是气体,如溴甲烷、熏灭净,必须经压缩贮藏在耐压的钢瓶之内(像常见的氧气瓶),使用时将钢瓶通一条管子引到仓库里,打开阀门,放出计算量的药剂即可。有的熏蒸剂是固体,如磷化铝、二氯苯、樟脑片等。

(一)熏蒸方式

1. 仓库熏蒸 仓库贮存的粮食、物品比较密集,病虫较隐蔽,采用其他药剂难于奏效,采用熏蒸剂熏蒸可杀死缝隙等隐蔽处的病虫,熏蒸后打开门窗通风,残留的毒气随着气流挥发掉。根据仓内物品堆放情况可采用 3 种作业方式:①包装袋(箱)堆垛仓,空间和间隙大,可把固体熏蒸剂放置袋(箱)的间隙处,或把液体熏蒸剂喷(泼)洒在袋(箱)的覆盖物上,或把液体、气体熏蒸剂从堆垛上方施入;②散装仓,特别是粮食散装,物品密度大,药剂穿透受到阻力,故须采取措施增强药剂的穿透力。常用的方法是:在粮堆中插入带有小孔的探管,把药剂施入探管后由小孔扩散至粮食中。机械化的插管,在仓外把药剂气化,再通过管道压入仓内粮堆内;③空仓熏蒸,在堆装货物之前进行。

2. 帐幕熏蒸 将被熏物品用帐幕覆盖,帐幕四周下垂部分用粮袋或沙、土等压紧在地面上。用固体的磷化铝片剂熏蒸剂,在封闭帐幕前,把药片按计划分散放置在各部位即可。气体熏蒸剂,一般是从帐外给药,通过插入的管道将药剂施入帐内。帐幕熏蒸不受地点的限制,可以在车站、码头及其他场所进行。仓库中贮藏物品不多时,用帐幕将物品罩上进行熏蒸可节省用药量。在港口对进出口物品可用帐幕熏蒸就地进行检疫处理。对露天堆放的原木、苗木、较矮的果树等也可采用帐幕熏蒸，例如柑橘树上的介壳虫就可用这种方法防治。但是，在熏蒸活的植物体时，对选用的熏蒸剂要求很严，没有经过周密的科学试验，切不可轻易采用，以防产生药害。

3. 土壤熏蒸 将熏蒸剂施入土壤中，利用药剂的气体在土壤团粒间隙内穿透、扩散的能力，将药剂分布到土壤的各个部分，毒杀土壤中的病虫害。施药方法如下。

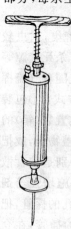

（1）土壤注射法 用土壤注射器（图2-95）把药剂定量注入一定深度的土中，注药前需在土面上按计划打出若干小孔。也可在打孔后由玻璃漏斗灌药，再用泥土封孔口。例如，用氯化苦土壤注射时，首先对土壤翻耕、平整，使土壤平、匀、松；再将氯化苦原液装入一种叫JM－A型手提式土壤消毒器，按点把药液注射到15～20厘米深土壤中，注射点之间相距30厘米，每667平方米需1万个注射点，每点注入药液2～3毫升，注药后用土封孔。在有条件的地方可采用机动器械进行注射，如国产的

图 2-95 土壤熏蒸剂注射器 DJR-201型手扶拖拉机悬挂式双垄土壤消毒机（图2-96）。氯化苦注射后需要用地膜覆盖，土壤温度10℃～15℃时盖膜熏10～15天，土壤温度25℃～30℃时盖膜熏7～10天。熏后揭膜通风15天以上，以确保播栽作物的安全。

（2）土壤覆膜法 当熏蒸剂施入土壤后，为防止其气体逸出土面，需用塑料薄膜覆盖封严，待熏蒸效果完成后，再揭膜散气，播栽作物，此为土壤覆膜法。例如，棉隆是土壤熏蒸剂，能防治多种病、虫、草害。采用此药熏蒸土壤，应在作物种植

图 2-96　氯化苦的施用方法(手动、机动)

前先整地,并保持土壤湿润 7～14 天,使土壤中的杂草处于萌发状态,线虫侵染的根部残留物开始腐烂,用颗粒撒施机将棉隆均匀地撒施在土表,再用悬耕机把药剂翻入土中(彩图20)。或者每隔一定距离开 20～30 厘米深沟,将药剂撒施沟内,迅速用耙子混土覆盖。施药后,每平方米土面浇灌 6～10 升水,并用薄膜覆盖密封土壤。熏蒸数日后揭膜散气。

溴甲烷、硫酰氟等土壤熏蒸剂都可采用此方法,仅是具体操作方式略有不同。

(3)沟施法　即开沟、施药、覆土、洒水,必要时再覆膜,进行土壤熏蒸。例如,威百亩能防治土传病虫害,使用时可根据作物的种植行距,每行开 20～30 厘米的深沟,把经水稀释的药液定量、均匀地洒施沟内,迅速覆土,并在土表洒水,即可依靠土壤和水的封闭作用,保持药剂对土壤的熏蒸。

4. 电热熏蒸　国外早就在温棚病虫害防治中采用电热熏蒸技术,近年来国内有些企业也开发了此项技术,并研制出电热熏蒸器,使用很方便。例如,在温棚用硫黄熏蒸防治草莓的白粉病,在棚架上每隔 16 米悬挂电热熏蒸器 1 个(每 667平方米约 5 个),熏蒸器离地面 1.5 米,离后墙 3 米,内装硫黄

30 克,于傍晚 18～21 时通电加热熏蒸。每 4 天换药 1 次,共熏蒸 20 天。

5. 减压熏蒸 利用抽气机对熏蒸室(或容器)抽气减压,由给药管道定量输药,熏蒸后再用抽气机将毒气抽出排除,换进新鲜空气。

6. 其他方式熏蒸 群众在实践中创造了多种方式的熏蒸。

(1)堵洞熏蒸 在野外灭鼠,往鼠洞投入磷化铝片,灌少量水,再用泥土封洞口;或往鼠洞灌氯化苦毒沙,或用棉花球、玉米芯吸药液后投入洞内,立即用泥封洞口。对天牛等害虫的蛀孔,也可投磷化铝片熏蒸。

(2)悬吊熏蒸 用纸条、布条、棉花球等浸蘸敌敌畏乳油后,悬挂在室内熏杀蚊蝇。

(3)毒杀棒熏蒸 用敌敌畏防治大豆食心虫和玉米螟,以高粱秸或玉米秸吸药后扦插田间熏杀。

以上介绍的是小规模使用的熏蒸方法,大型仓库采用的熏蒸方法,均由专业人员实施,故不予赘述。

(二)熏蒸须三防

1. 防毒 熏蒸剂多为高毒类农药,必须带防毒面具,按技术规程进行操作,以确保施药人员安全。有人居住的房屋不可用磷化铝熏蒸。氯化苦不可用于熏蒸成品粮、面粉、含油脂高的花生仁、棉籽、油菜籽。在用溴甲烷进行熏蒸及散毒期内,在仓库周围要设置有效警戒区(一般至少 20 米),并有专人看守。

2. 防火与防爆 磷化氢、环氧乙烷、丙烯腈等熏蒸剂都是易燃品,应注意防火与防爆。磷化铝吸潮分散放出磷化氢气体,在空气中含量高时会引起自燃。所以,熏蒸的仓库、帐幕不能漏水;药片要分散放置,切不可数片堆放一起,以防药片分解时产生热量而导致自燃。

3. 防药害 谷类作物种子的胚部对氯化苦吸收力特强,不能用氯化苦熏蒸种子,以免影响种子发芽率。种子含水量越高,对发芽率影响越大,一般要降低发芽率 20%～30%。溴甲烷熏蒸苗床土壤,要在通风 5～7 天后,方可栽种作物。

六、熏烟法和烟雾法

(一)熏 烟 法

点蚊香熏杀蚊子已有百余年的历史。点燃蚊香时,蚊香中的杀虫剂受热挥发,在空气中冷凝形成烟而杀死蚊子。这种利用农药烟剂产生烟防治病虫的施药方法就叫熏烟法。

烟是悬浮在空气中的极细微的固体颗粒,1 立方厘米的烟,可含颗粒达几千万个。烟粒的形状是不规则的,有的带有颜色,甚至颜色还较深,但因其极细小,在阳光照射下呈散反射,所以看起来常是白色的,我们常看到锅炉烟囱冒白烟也是这个道理。

由于烟粒太细小,能在空气中自行扩散,长时间飘浮,沉降很缓慢,并能随气流飘散很远的距离。所以熏烟法主要应用于封闭的或较为封闭的小环境中,如温室、大棚、仓库以及郁闭度较高的大片森林和果园。只用于防治病虫,有时用于鼠洞灭鼠,不能用于除草。熏烟方式主要有以下 3 种。

1. 室内熏烟 除居室点蚊香熏蚊外,常在温室、大棚、仓库内熏烟防治病虫。例如,用 45%百菌清烟剂防治温室、大棚中黄瓜霜霉病和黑星病、番茄叶霉病和早疫病、芹菜斑枯病、草莓白粉病等,每 667 平方米用烟剂 200～250 克。傍晚时,将烟剂分放在4～5处,如果地面潮湿可垫上瓦片或砖头,用香或烟头暗火点燃,发烟时即关闭棚室,熏1夜,次日通风,隔8～10天再熏烟一次,防效更好。高度低于1.2米的小棚,使用烟剂,容易造成药害,须慎重。又如,用硫黄烟剂进行空棚室消毒,把棚室密闭,每100平方米用硫黄粉250克、锯末500克混匀后,傍晚点燃熏1夜,次日打开棚室通气数日,即可栽种作物。

2. 林果熏烟　在林果区熏烟,一般宜在傍晚或清晨进行,因为这时地面气温下降,气流向下飘沉(彩图21)。当阳光照射到林间地表时,气流开始上升,就不宜进行熏烟。我国使用18％硫黄烟剂(每667平方米用600～1 100克)熏烟,可防治松树早期落叶病,取得很好的效果。

3. 大田作物熏烟　大田作物一般生长矮小,采用熏烟法难于取得好的效果,所以应用极少。我国曾试验用硫黄烟剂防治小麦锈病。

(二)烟雾法

前面已说明,烟是悬浮在空气中细小的固体颗粒,雾是悬浮在空气中细小的液体球珠。而由固体农药油溶液分散成雾后,液滴中的溶剂蒸发后就留下固体的小颗粒变成烟,所以在许多情况下是固体颗粒和液体微滴同时存在,即烟和雾同时存在,故称之为烟雾。将农药油溶液(即油剂)分散形成烟雾的施药方法叫做烟雾法。

烟雾法必须使用专门的施药机具,即烟雾机,又称气雾发生机。我国已生产多种烟雾机,有手提式、背负式、手推车式和拖拉机牵引式,生产厂有南京林业大学机械工学院、云南省昆明市金马机械厂、浙江省杭州市西湖冶电器械厂、浙江省和云农业机械厂、浙江省绍兴市兴林烟雾机厂、陕西省渭南市林业总局西北林业机械厂、云南省昆明市辰光科技服务公司、江苏省南通市广益机电有限责任公司等。

1. 热烟雾机法 此法要使用专用的烟雾剂剂型农药和热烟雾机。

烟雾剂是一种油剂,如三唑酮烟雾剂。有些农药能溶解在柴油或其他油溶剂里,也能配制成烟雾剂,但在大面积应用之前,应进行小面积对作物安全性试验,观察有无药害。

热烟雾机最先采用的是利用汽车发动机排气管口所产生的高温废气,把农药油剂吹散成雾。在汽车或拖拉机的排气管口上,临时安装一套简单的烟雾发生装置即能使用。目前我国生产的多是脉冲式烟雾机,以脉冲式喷气发动机为动力,利用其尾气的热能和动能进行雾化,主要机型的技术参数列入表2-24。图2-97为昆明市金马机械厂生产的3YD-8型手提式热烟雾机。

表 2-24　热烟雾机主要机型技术参数

机器型号	喷量 (升/小时)	净重 (千克)	药箱容积 (升)	油箱容积 (升)	耗油量 (升)	电源 (伏)	雾粒范围 (微米)
3YD-8型 直管、弯管	3.3～21.6	10	8	2.5	1.5～1.8	直流6伏	＜50
CG3YD-3A型 直管、弯管	5.4～6	8	8	2.5		直流6伏	5～10
6HYC-25	25～40	7.9	8	1.2	1.85～2.5	直流3伏	＜50
6HYH-25	25～40	9	8	1.2	2～2.7	直流3伏	＜50

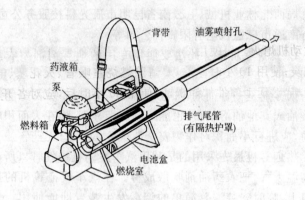

图 2-97　手提式热烟雾机

背带　油雾喷射孔

药液箱

泵

燃料箱

电池盒

燃烧室

排气尾管
(有隔热护罩)

在我国,热烟雾机已在林业上大面积推广应用,主要用于森林、橡胶林、人工防护林的病虫害防治(彩图22)。因为这些地方的树干高大,又多为丘陵山地,一般地面施药机械,特别是小型喷雾机械很难(甚至无法)将药液喷到树冠。而烟雾在傍晚后至次日早晨,利用特定的气象条件,可上升到树冠高层。在农业上可用于果树、甘蔗及温室、大棚作物病虫害防治,还可用于密闭的粮仓、货栈、城市下水道的杀虫灭菌(彩图23)。但要严防灼伤作物和引起火灾事故。

喷烟雾时,机器应水平放在平稳干燥处,启动机器前要关好药液开关,检查油管,不得扭折。在山地喷烟雾,无风天气应先喷山顶,沿等高线行走,逐渐喷至山下;有风天气,应先从下风方向开始,机手沿着与风向垂直方向行走。在室内及密闭空间喷烟雾时,机手应由内向外移动,也可把烟雾机放置在门口,喷口朝室内喷烟雾。烟雾剂用量以每1 000立方米空间用100毫升为宜,用量过高,易着火。室温较高或有明火,切不可作业。在温室、大棚喷烟雾,为防止产生药害,喷口不可离作物太近,并建议采用植物油做溶剂配制烟雾剂。对高大建筑物喷烟雾,应由上向下逐层进行。中途停机或喷烟雾结束时,一定要先关药液开关,等到机器没有烟雾喷出时方可将发动机熄火。每使用 2 小时左右,要清除尾喷管和烟化管的积炭;使用 10 小时左右,要清除燃烧室喉管、火花塞、电极的积炭,对运动部件加润滑油;使用 30 小时后,应对各开关、进气阀等以汽油清洗,除去污物。

热烟雾机常见故障及排除方法见表 2-25。

表 2-25　热烟雾机常见故障及排除方法

现　象	原　因	排除方法
接通电源无电火花	某些接点接触不良 火花塞受潮或击穿 火花塞积炭、浸油 火花塞间隙过大或过小 磁电极损坏	检查各连接点并接好 擦干或更换 擦拭干净 调至 1.5～1.7 毫米 更换
化油器内干燥	油箱盖没盖紧漏气 进油管滤网堵塞 进油单向阀失效 进油喷嘴堵塞	旋紧或换新盖 清洗滤网 更换 清洗疏通
化油器内腔油多	进气阀膜片脏或变形 排气管积炭 燃烧室系统漏气 油气旋钮开度大	清洗、更换 清除积炭 更换密封件 关闭油门,由小到大慢慢打开
运行不稳或熄火	油中有杂物或缺油 进气膜片脏或变形 排气管积炭 进油单向阀堵塞或损坏 油门旋钮开度不合适	换油或加油 清洗或更换 清除积炭 清除或更换 调整油门旋钮开度

现 象	原 因	排除方法
完全不喷烟	药箱盖未盖紧或垫片漏气 滤网、管道、增压阀或喷嘴 堵塞	盖紧或调换垫片 清洗疏通
部分不喷烟	管路接头脱落 箱盖或药液阀漏气 增压单向阀失灵 发动机因管路积炭而功率下降	接好拧紧 修理或更换 修理或更换 清除积炭

在森林和大型果园中使用时,往往采用拖拉机的废气来雾化药液(图 2-98),能把产生的细雾吹送到 200～300 米的深处,工效很高。这种热烟雾机在我国还没有应用。

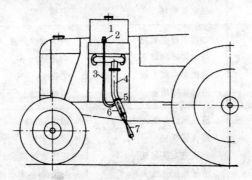

图 2-98 拖拉机牵引的内燃机烟雾发生装置

1. 药液箱　2. 药液开关　3. 药液导管(外管)　4. 废气导管

5. 文氏喉管　6. 药液导管(内管)　7. 烟雾喷头

2. 常温烟雾机法 此法是与热烟雾机法相对而言的,它是利用由常温烟雾机的空气压缩机所产生的高压空气,经气力雾化喷头形成音速旋转高速气流,使药液在常温下形成小于20微米的雾滴,再由轴流送风机把雾滴吹送至密闭空间内,逐步弥漫和充满整个密闭空间,发挥杀虫灭菌的作用。因喷出的是冷雾,不会伤害作物,特别适合保护地作物喷洒。还可用于室内喷洒杀灭卫生害虫,以及仓储、畜禽舍的杀虫、消毒。

常温烟雾机法对农药剂型没有特殊要求,用于喷雾法的乳油、水乳剂、微乳剂、悬浮剂、可湿性粉剂及油剂等均可使用。

常温烟雾机主要由原动机(电动机或内燃机)、空气压缩机、轴流送风机、药液箱、气力雾化喷头、输液管、输气管、机架等部件及自动定时电器控制系统组成。目前国内使用的常温烟雾机很少,现以由中国农业科学院南京农业机械化研究所设计研制的3YC-50型常温烟雾机说明如下:喷气压力为0.18~0.2兆帕,喷雾量为50毫升/分,药液箱容积为6升,施药液量为2~4升/667米^2,防治生产率为667米^2/小时,适宜防治面积为334~667平方米(即宽6~8米,长30~60米,高2.2~2.5米),最适宜我国6米×50米×2.5米类拱形大棚或日光温室使用,对于连跨大型塑料大棚可分段采用隔离式喷洒。使用时,一般采用自动定时喷烟雾、定点喷、无人跟机操作方式作业。即空气压缩机部分放置在棚室外1~2米处,喷洒部分放置在棚室内中线处,大约离门5~8米,根据作物高度,调节喷口至适宜高度和仰角,就可准备开始喷洒作业。喷头离地高度一般为1.4~1.8米,仰角为0°~10°。当作物封行后,可将喷头调高些,仰角可接近10°,使烟雾流接近棚顶。当作物较矮时,可将喷头调低些,仰角可接近0°,使之呈水平状态,使烟雾流在作物顶上1米左右水平面内。当作物占据棚室上部空间(如架栽葡萄、黄瓜、架豆等),喷头离地可低于1米,喷头俯向下,使烟雾由下向上扩散。作业时间,通常选择在上午 8~9 时、下午 4~5 时或傍晚,其中以傍晚为最佳。阳光充足的中午和棚室温度超过 35℃ 时不宜作业。

3YC-50 型常温烟雾机常见故障现象与排除方法见表 2-26。

表 2-26　3YC-50 型常温烟雾机常见故障现象与排除方法

故障现象	故障原因	排除方法
气缸内发出响声	1. 异物落入气缸 2. 活塞顶阀板 3. 气缸、活塞环磨损严重 4. 阀片断裂	1. 取出异物 2. 在气缸与阀板之间加一垫片 3. 更换磨损件 4. 更换阀片
排气量不足	1. 阀片密封不严 2. 活塞环磨损严重 3. 密封垫片损坏 4. 过滤器堵塞 5. 排气管路接头漏气	1. 更换或清洗阀片 2. 更换活塞环 3. 更换垫片 4. 更换或清洗过滤器 5. 检查拧紧或更换零件
排气温度过高	1. 阀片损坏 2. 阀垫片或密封胶损坏	1. 更换阀片 2. 更换垫片
机油温升到高于 70℃ 以上	1. 活塞环、气缸磨损严重 2. 注入油量过多 3. 装配不当	1. 更换活塞环或气缸 2. 放出部分机油 3. 检查装配质量
不喷雾	1. 药箱药液用完 2. 吸管或滤网堵塞 3. 喷头芯孔堵塞 4. 吸管未插到底部或底部不水平	1. 加药液 2. 清洗吸管或滤网 3. 清洗喷头芯或用手压着喷帽反向吹气,也可用直径 0.7 毫米钢针捅喷孔 4. 调整药箱,使底部水平并把吸管插到底

故障现象	故障原因	排除方法
喷药量不足	1. 气压不足 2. 漏气 3. 流道半堵、阻力大 4. 药液黏稠度过大 5. 喷帽位置不对	1. 检查压力表是否达到额定值 2. 维修漏气部位 3. 清洗喷头组件各通道 4. 更换农药，或调整浓度和时间 5. 调整喷帽轴向位置

七、毒 饵 法

把农药与饵料配制成毒饵，于傍晚投放在作物行间、苗圃行间、林果树盘（树干周围的根系分布部分，一般指树冠垂直下的范围）下、鼠洞和鼠道以及有害生物经常出入的地方，诱引害虫、软体动物、害鼠、野兔等来取食，使其中毒而死。

（一）毒饵剂型

目前我国常用的毒饵剂型有 5 种。

1. 鲜料毒饵 将新鲜的甘薯秧、花生秧、水草、野菜和甘薯、马铃薯（土豆）、芋头、水果、瓜菜等切碎，加入约为饵料量 1/10 的水，与农药湿拌即成鲜料毒饵。鲜料毒饵主要用于防治地面害虫和害兽，现配现用，只能用 1～2 天，时间长了就变质，夏季最好不选用这种毒饵。

2. 颗粒毒饵 主要是以麦粒、高粱、谷子、稻谷、碎玉米粒以及面粉、玉米面、饼粕（豆饼、花生饼、棉籽饼、茶籽饼）、草籽等为饵料，与农药混合或浸泡，制成颗粒状的毒饵，其中以谷物为饵料的毒饵又称毒谷。颗粒毒饵可现配现用，也可烘干、贮藏备用。

3. 蜡块毒饵　将配制好的普通毒饵倒入熔化的石蜡中,搅拌均匀,冷却后即成为一定大小的方块、长块或圆球状的蜡块毒饵。配制时一般 2 份毒饵加 1 份石蜡。主要用于防治栖息在下水道、阴沟等潮湿处的褐家鼠及其他害虫。

4. 毒粉　剂型为粉剂。鼠类及其他某些害兽有用舌舔爪、整理腹毛、清理体表脏污等修饰行为。当它们走过撒施毒粉的地方时,体表粘附毒粉,待其修饰体表时舔舐吃入药剂而中毒。使用毒粉的缺点是害兽在死前的活动会污染食物和水源。

5. 毒水　使用的农药剂型主要是粉剂、可溶性粉剂。使用时将其撒于水面或溶于水中,诱杀害鼠效果较好。鼠也需要喝水,1 只成年褐家鼠,每天饮水 $10 \sim 25$ 毫升,在缺水的仓库、货栈、磨房,往往水比其他食物对鼠更具有引诱力。在缺水的菜田,用 0.05% 浓度的敌鼠钠毒水,一般在投药后第三天开始有死鼠,第五天死鼠最多;在缺水的仓库、货栈,于平底碟子中倒入 $10 \sim 15$ 毫米深的水,加 $2\% \sim 3\%$ 食盐,用毛笔蘸磷化锌药粉,轻轻地撒于水面,形成薄薄药层。一旦老鼠饮用此水,即会中毒而亡。

(二)自配毒饵方法

毒饵是供有害动物取食的,因此配制毒饵用的农药必需是胃毒剂。农药加入量视种类而定,一般杀虫剂用量约为干饵料的 $0.1\% \sim 1\%$;杀鼠剂的用量各药剂之间相差较大,例如磷化锌为 1%,毒鼠磷和溴代毒鼠磷为 $0.1\% \sim 1\%$,敌鼠和敌鼠钠为 $0.025\% \sim 0.1\%$,杀鼠灵为 $0.025\% \sim 0.05\%$,杀鼠醚为 0.0375%,溴敌隆为 0.005%,大隆为 $0.001\% \sim 0.005\%$。

选择饵料的原则是选用所要防治的有害动物最喜爱吃的物料。选择治虫的饵料，可自田间采集害虫，在室内饲喂多种饵料，观察取食量，择其最喜食的一种。选择灭鼠或其他害兽的饵料，可在计划施药区内，投放数种饵料，以被盗食量判断其喜食性，也可根据当地作物被害程度判断其喜食性。

为增强毒饵对有害动物的引诱力，一般在毒饵中要添加引诱剂，常用的有植物油、食糖、味精、盐、酒等。

常用的自配毒饵方法有 4 种。

1. 粘附法 以植物油或米汤作粘着剂。如用干饵料，破碎后加等量的米汤，加入量以用手轻握能在指缝挤出水来，撒布时又不致成团，可以撒开为合适；如用新鲜饵料，切碎后加饵料量 1/10 的米汤或植物油；如用谷粒为饵料，可将谷粒煮至半熟，捞出晾至半干，将上述饵料与不溶于水的农药粉剂拌和均匀即可。

2. 浸泡吸收法 用此法配制含水较多的毒饵。选用可溶于水的农药。在药水中加适量的引诱剂，再将饵料浸泡于药水中，每隔一定时间搅拌 1 次，待药水全部被饵料吸收后，晾干即成。

3. 湿拌法 用饵料量 1/3 的水将药剂稀释后喷洒在饵料上搅匀，使饵料全部浸透。

4. 混合法 用面粉或其他粉末状饵料与农药混合加水，制成毒丸或毒块。如需贮存，把拌好的药面块用绞肉机压成条，或制成小颗粒，晾干后装袋备用。

(三)投放毒饵方法

一般在傍晚投放，居家为了安全，多是晚投早收。

防治农田地面害虫，多将毒饵投放在作物行间或作物根旁。在果园投放在树盘的地面上。

防治农田害鼠及其他害兽，因一般农田、草原的中间老鼠不多，可沿地边、埂边向内5米宽范围，每隔5～10米投毒饵1堆，绕地块1周，每堆3～5克，一般每667平方米投200克左右。在水稻田，害鼠多栖居于田埂，特别是宽田埂栖鼠多，投毒饵以宽田埂为主，小田埂为辅。

防治菜园害鼠，可在菜地四周及菜地内投毒饵，重点投放在鼠经常活动的渠道旁、水沟边、田埂上、小桥下、涵洞口。在新鼠道上多投些，每隔4～10米投1堆，每堆3～5克；在旧鼠道上少投些，每隔15～20米投1堆，每堆5～10克。

防治草原害鼠，将毒饵投放在鼠洞内外、鼠道上或鼠类经常活动的场所。鼠洞明显，投放在洞内或洞口附近。鼠洞不明显，但能见到鼠迹时，按鼠迹投放。鼠洞和鼠迹都不明显时，等距离投放或带状投放。

在林区和草原，还可采用飞机撒施毒饵或毒丸。

室内灭鼠，把毒饵投放在家鼠经常走动的墙脚下、窗台上、碗橱下以及厕所内、阴沟旁，并坚持晚投早收。

八、种苗处理法

所谓种苗处理法，就是采用适宜的方式对种苗进行药剂处理，从而使种苗在播种或栽插后免受病菌、害虫的危害，防止雀鸟和害鼠盗食，或促进苗木栽插后早生根、多生根，提高成活率，并促进生长。

种苗处理法的特点是经济、省药、省工和操作比较安全。用很少量的药剂处理种子表面或苗木的某一部位，就能收到预期的效果。

随着科学技术的进步,种苗处理法不断发展。现代意义上的种子处理法是有针对性地在种子生产和加工过程中采用专用的种子处理剂对种子进行拌药、包衣或丸粒化等,使种子标准化和商品化。它已发展成为现代农业生产不可缺少的重要技术手段,并在一定程度上反映了一个国家种子工作的现代化水平。目前,我国用药剂处理种子的技术还比较落后,多数地区仍然沿用传统的人工拌种或浸种的方法,体现种子药剂处理技术水平的种衣法在我国研发比较晚,而且种衣剂质量和药剂成膜的关键技术问题尚未很好解决。我国种子标准化、商品化的任务还很重。

目前在生产上可用于种苗的处理剂有杀虫剂、杀菌剂、植物生长调节剂等,使用的农药剂型有粉剂、可湿性粉剂、悬浮剂、种衣剂、乳油等。用药剂处理种苗通常采用以下 5 种方法。

(一)浸 种 法

浸种法就是将种子放在药水中浸泡处理的施药方法。在播种前将精选过的种子在特定浓度、温度的药水中浸泡,药水要浸没种子,即比种子高出数厘米,每隔数小时搅动 1 次,以保持药水浓度均匀一致。浸泡时间、捞出后要不要用清水漂洗、晾干等,要根据种子和药剂种类决定,一般在农药产品标签上有说明。用于浸种的药剂多为水剂、可溶性粉剂、乳油,但现在使用可湿性粉剂、悬浮剂的也较多。

浸种的操作虽较简便,但要保证药效和防止药害,仍须注意以下几点。

1. 预浸 把种子装在粗布袋或纱布袋里,在水中预浸一下。因为种子浸入水后,初期吸水力很强,如不预浸就直接浸入药水中,容易因吸药过多而受到药害。要不要预浸,在未取得经验前应进行试验。

2. 药水浓度、温度和浸泡时间 一般规律是:在保证药效的前提下,为防止药害,在温度高时,药水浓度应低,浸种时间应短;药水浓度高时,应降低温度和缩短浸泡时间。或者说,在药水浓度不变的情况下,可以降低温度延长时间,或提高温度缩短时间。但究竟选择哪种浓度、温度和时间,要根据具体情况而定,并要参考有关农药、植保手册、产品标签和说明书,或经过认真的试验。

浸种结束的标志是:种皮变软,切开种子,种仁(即胚及子叶)部位已充分吸水。比较准确的方法是以种子的吸水量来计算,例如,茄果类蔬菜种子的吸水量应达种子干重的 $70\%\sim75\%$,瓜类为 $50\%\sim60\%$,豆类为 100% 左右。

3. 临播前浸泡 浸过的种子应及时播种(水稻种子则继续催芽),不可预先浸种贮存。若遇连续雨天,无法播种,则须晾干备用。

4. 播在墒情好的土壤中 使已开始萌动的种子不会失水。如播在干燥的土壤中,种子失水,出不了苗,或出的苗很弱。

5. 药液可连续使用 重复使用的药液必须及时补充所减少的药液。但要清楚可连用次数,既不要随意把还可以继续使用的药液倒掉,也不要盲目地无限制地重复使用。在水中不稳定、易分解的农药,最好是现配现用。

(二)拌 种 法

拌种法是将粉剂农药按一定比例与种子拌和均匀,使种子表面沾附一层均匀的药粉,因而又称干拌种法。拌种一般是在拌种器中进行。拌种器能旋转,装入种子和药粉后,以每分钟 30～40 转的速度旋转,转 3～4 分钟即可。拌种器的转速不可太快,转速快了产生的离心力大,将使种子附在拌种器内壁上,而不能与药粉充分拌和;也不宜采用振荡的方法,因振荡产生的撞击力会把已经沾到种子表面的药粉又振脱掉。拌完后要稍停一会再把种子倒出来,以免药粉飞扬。

有些地区仍然采用比较原始的用木锨翻拌方式拌种,药粉粘附不均匀且易脱落,还易损伤种子。如果没有专用拌种器,可使用圆柱形铁桶,装种子与药粉后,封闭滚动拌种。

拌种可不受播种期的限制提前进行,但拌种的药效不如浸种。为保证药效和防止药害,拌种时应注意如下 4 点。

1. 粉粒细度 药剂粉粒要细小,一般在 5 微米以下最好,容易粘附在种子表面。所以,并不是任何粉剂都可用来拌种的,现已有专门的拌种粉剂。可湿性粉剂的粉粒较细,但用来拌种并不太好,因其含有润湿剂,容易使小粉粒絮结成较大的团粒,反而不易粘附在种子上。

2. 用药量 禾谷类作物种子表面光滑(水稻除外),粉剂粘附量一般为种子重量的 0.2%～0.5%,即 50 千克种子,用粉剂 100～250 克。棉籽用粉剂一般为棉籽重量的 0.5%～1%。一般说,拌种的用药量最多不超过 1%,否则种子粘附不了那么多。

3. 种子含水量 一般要求种子含水量要低些。有些作物种子在拌种前需经日晒,以除去过多的水分。例如红麻、黄麻的种子,在药剂拌种前要先晒种,使种子含水量在 10% 以下,拌药后也要在干燥条件下贮存备用,这样才不会影响播种后的发芽。

4. 拌后贮存 一般地说,拌种的防病治虫效果略低于浸种,但有些种子在拌药后贮存一段时间再播种,能显著提高药效。例如,用药剂拌种防治红麻和黄麻的炭疽病,要求拌种后贮藏半个月以上播种,若能在收种的当年就拌种,在干燥条件下贮藏过冬,第二年播种,其防病效果可与浸种法相当,这种方法很适合于麻种调种时集约化处理。

复方硫菌灵拌种防治大豆根腐病的效果见彩图27。

(三)湿拌种法(闷种法)

湿拌种法是把农药用少量水稀释后,对着种子边喷边拌,直至喷完,拌匀,使种子表面覆上一层药膜。由此可见,它是介于拌种法和浸种法之间的一种施药方法。又称作半干法。它既不需要像浸种法那样使用大量的药液,也不需要像拌种法那样需要专门的拌种器才能达到应有的效果。操作简便,工效高,药效较好。

湿拌后的种子,一般堆闷数小时至1天。目的是:①让具有气化性能的农药渗入到种子内部;②让具有内吸性或内渗性的农药进入种子内;③利用种子呼吸热提高农药的效力。所以,湿拌种法多选用挥发性强、蒸气压较低的或内吸性的农药。所用的农药剂型有水剂、可湿性粉剂、悬浮剂、水分散粒剂、乳油等,但不能使用粉剂。

湿拌种法使用药液浓度的表示方法,有按农药的有效成分含量表示的,也有按制剂含量表示的,使用时必须加以注意,严格按照农药标签或使用说明书配制药液。

湿法拌过的种子,不宜存放,应及时播种。若遇连续阴雨天,无法播种,需晾干后备用。

有些作物种子不宜采用湿拌种法。例如,亚麻种子有遇水变黏的特点,不宜湿拌,而应干拌。

(四)种衣法

种衣法是用种衣剂包裹种子,使种子表面形成一层不易脱落、牢固的干药膜,这层药膜好比给种子穿上一件衣服,因而将这种施药方法称之为种衣法。

对种子进行包衣,农户可以按照湿拌种法将种子表面拌裹一层种衣剂。但是,最好是由种子公司采用种衣机大批量处理,由专门人员实施,以保证包衣质量,再将包衣种子作为定型产品,供农民使用。

包衣用的种衣剂并不是一种农药剂型,只是在悬浮剂、可湿(溶)性粉剂、粉剂、溶液等剂型中增添足量的黏合剂或成膜剂等。有些种衣剂兼具某种特殊功用,可在施用过程中调整种子的形状、大小,如把甜菜、烟草、番茄、韭菜、莴苣等作物的种子小球化(图2-99),以利于机播和精播。有些种衣剂还含有植物生长调节剂,氮磷钾肥料,微量元素等利于种子萌发与生长所需的营养物质。

图 2-99　整形后的蔬菜作物种子

我国的种衣剂应用起步较晚,虽然近年来发展较快,但现有产品主要是针对水稻、小麦、玉米、棉花、花生、大豆、油菜、甜菜、烟草、西瓜、豇豆等作物的某些病虫,用户选购时要注意选择与你的作物及其主要病虫相一致的品种和质量达标的产品,使用后才能收效。

须注意的种衣剂质量指标主要有:①成膜性,即经包衣的种子不需要晾晒或烘干,包衣后一般要求成膜固化时间不超过 15 分钟,并牢固地附着在种子表面;②脱落率,即表示种衣剂固化成膜在种子表面粘附的牢固程度,一般要求包衣种子在每分钟 1 000 转的模拟振荡后,种衣剂的脱落量占药剂总干重的百分比(即脱落率)不超过 0.7%;③药粒细度,直接影响到包衣效果,一般要求平均粒径为 2~4 微米;④酸碱度,大多要求 pH 值为 4~7,过酸容易影响种子发芽。

种子包衣必须选用质量达标的种子。否则,种子表面所含的杂质成分就会影响药剂在种子表面上的正常粘附,降低包衣质量和使用后的药效。棉花种子应脱绒、再精选。种子含水量高,包衣后贮存过程中可能出现药害。

经过包衣的种子播入土内,种子吸水萌发,外面的种衣也吸水膨胀,但不溶化、不脱落,随着种苗的生长,种衣内的农药逐渐释放,被种子吸收而向地上部传导,保护种子和根免受病虫危害,还能防治苗期的病虫。

包衣后的种子在播种时应注意以下 5 点。

1. 足墒播种 精细整地,尤其是播种穴内不能有大土块,保证种子与土壤密切接触;先浇水后播种,避免种子被水冲走;播后镇压,以加快种子吸水发芽。

2. 精量播种 购买的包衣种子都是精选过的优质种子,发芽率高,可实行精量播种。

3. 适时播种　早春和晚秋地温低，种子发芽慢。春播包衣种子应比未包衣种子推迟 3～5 天，棉花要推迟 5～7 天；秋播则要提前 3～5 天。

4. 种、肥分开　包衣种子播后，先带土踩穴，再施肥覆土，为的是防止种衣内的农药被化肥分解。

5. 注意安全　含有高毒农药的种衣剂，播种时要注意安全操作。播剩的种子可播在田边地头，以备补苗用；剩余的种子不得食用或饲用。

(五)浸秧和蘸根法

浸秧和蘸根法是在秧苗移栽、插条扦插之前用药水浸秧苗基部、蘸根或用药粉蘸根(插条下端)。例如，用三环唑药液浸水稻秧苗后栽插，防治叶稻瘟病；用乙蒜素(抗菌剂 402)药液浸种薯或薯秧，防治甘薯黑斑病；用赤霉素(920)药液浸薯秧基部后栽插，可促进生根，提高成活率和增产；用萘乙酸、ABT 生根粉浸或蘸树木、花卉插条后扦插，可促进生根，提高成活率等。具体操作方法，可参阅有关农药的书籍。

九、土壤处理法

土壤处理不是施药方法，而是采用适宜的施药方法把农药施到土壤表面或对土壤表层进行药剂处理。常采用的施药方法有喷雾法、浇灌法、毒土法、施粒法和土壤注射熏蒸法。用药剂处理土壤的目的是：①杀灭土壤中的病原菌、害虫、线虫和杂草；②阻杀由种子带入土壤的病原菌、线虫卵和杂草种子；③内吸性农药由种子、幼芽或根吸收，并传送到幼苗中，起到防治作物幼苗地上部的病虫害。

用药剂处理土壤的方式可分为全面土壤处理和局部土壤处理两大类。

(一)全面土壤处理

一般是在播种前整地时或播后出苗前用药剂处理整块农田。播前处理首先采用喷雾法、毒土法、施粒法等方法把药剂尽可能均匀地施撒在土面,再翻入耕作层,用耙交叉耙,或用耖锄、圆盘耙将药土拌和均匀,最后把土面耱平,即可准备播种。在苗圃进行土壤消毒,可用福尔马林(甲醛溶液)灌土或用溴甲烷熏蒸土壤,消毒后必须经过散毒方可种植。

播后出苗前多用除草剂处理,以防除表土层中以种子繁殖的一年生杂草。多以喷雾法把药液喷洒在土表上,施药后一般不混土,仅在干旱时进行浅混土。

(二)局部土壤处理

仅对农田局部地段施药,以节省用药和用工。

1. 播种沟(穴)施药 对种子无药害的药剂可与种子混合撒播,或先施药后播种再覆土,或先播种后施药再覆土。对种子发芽有影响的药剂,要先施药、覆土,再播种。

2. 作物行间或行边开沟施药 多在作物出苗后或生长中后期进行。

3. 根区施药 在果树或贵重树木的生长期或休眠期,以树冠滴水线为界,开环状沟或放射沟,沟深 5~15 厘米,宽 20 厘米,将具有内吸、熏蒸作用的药剂撒施或泼施于沟内,再覆土。也可在树盘内开穴点施。

4. 土壤注射熏蒸 按一定孔距用土壤注射器把药剂注入土中,或打孔灌药再用泥封口。

5. 营养钵施药　采用营养钵育苗时,常把药剂施在钵中,当营养钵移栽到大田,即将药剂施入全田。

(三)土壤对药效的影响

土壤处理法的施药靶标是土壤,而土壤是一个十分复杂的环境。进入土壤的农药,其运动情况及去向,直接影响到药效、持效期和残留。在设计和实现土壤药剂处理时必须考虑土壤各因素对农药的影响。

1. 土壤种类　黏重的土壤对药剂吸附力强,药剂在土壤中移动性小,施药量稍多。沙性强的土壤,药剂渗透速度快,移动较深,易伤害作物根部,施药量宜少。水溶性较大的农药,在沙性土壤中不宜施用,在漏水稻田也不宜使用。在使用除草剂时尤须注意。某些除草剂在不同种类土壤中的施药量是不相同的(表 2-27)。

表 2-27　某些除草剂在不同种类土壤中的使用量　(克,毫升/667 米²)

土壤种类	88.5%灭草猛乳油用于大豆田除草	40%莠去津悬浮剂用于果园除草	40%西玛津悬浮剂用于玉米、高粱地除草
轻质沙土	175	150～200	130～180
壤　土	225	200～350	150～200
黏质土	265	350～450	200～300

2. 土壤有机质　土壤有机质含量高,孔隙度大,对农药吸附性也大,药剂在土壤中移动深度较浅,对作物安全;反之,土壤中有机质少,药剂在土壤中渗透移动较深,易伤害作物根部。因此,有机质含量多的土壤可用较高药量,有机质含量少的土壤宜用低剂量(表 2-28)。有机质含量很低的沙质土壤,往往不宜采用土壤处理法。

表 2-28　72％异丙甲草胺乳油防除大豆田杂草

在有机质含量不同的土壤中的用量　（毫升/667 米²）

土壤种类	有机质含量	
	<3％	>3％
沙质土壤	100	133
壤　土	133	185
黏质土壤	167	200

3. 土壤含水量　土壤含水量主要影响土壤对药剂的吸附作用及农药在土壤中的淋溶。干旱的土壤对药液吸附作用很强，而对粒剂、粉状药剂吸附力很弱；过于干燥的土壤，干土上的药剂难于被植物的根系和幼芽吸收，还容易被风吹走。含水量高，土壤很湿，对施入的药液吸收不了，而对施入的固态药剂吸附作用比较强。

用做土壤处理的除草剂，一般只对已经发芽的杂草种子及幼芽有杀伤作用，对未发芽的杂草种子无效。在土壤较干旱于播前施药，施药后应混土。当过于干旱时，应在施药前灌水或施药后浅灌水。

使用熏蒸剂处理土壤，为防止气态药剂逸散，在注射或打孔施药后，或开沟、施药、覆土后，常采用土面洒水或湿泥堵孔等办法，以封闭土壤中的药剂。

4. 土壤酸碱度（pH 值）　土壤在酸性条件下对农药吸附能力大于中性条件。例如，莠去津在一种黏壤土中，当 pH 值低于 6 时，吸附能力明显增强，而 pH 值升高后，则解吸作用明显增强。

pH 值影响农药在土壤中的降解速度。例如，某些磺酰脲类除草剂(氯磺隆、甲磺隆等)在 pH 值 7.5 以上的土壤中降解缓慢,残留时间长,易引起后茬作物的药害;在 pH 值 6 时的降解速度是 pH 值 8 时的 15 倍。而我国水稻田泥土的 pH 值一般为 6 左右,偏酸性,所以,目前我国限制这些除草剂在长江以南麦稻轮作区的麦田使用,是有科学依据的。

pH 值还影响土壤微生物的活动,从而影响到微生物对农药的降解速度。细菌、放线菌适宜在中性或偏碱性土壤中生长。当 pH 值在 5.5 以下时,其活动能力显著降低。当 pH 值在 5.5 以上时,对真菌活动不利。

十、局部施药法

局部施药法是针对病、虫、草、鼠的危害部位和某种特殊的生物行为,利用药剂的触杀、熏蒸和内吸作用、扩散能力,以及对害虫的引诱作用,对植物体的某个部位或作物生长地段的某些区段采用适宜的施药法施药,却能获得全面施药的防治效果。局部施药的方法多种多样,常用的有以下几种。

(一)树干注射法

在树干的适宜位置钻孔深达木质部,再注入药剂。此法多用于果树和高大树木,按操作方式又可分为以下几种。

1. 高压注射法 用机械泵或手压泵产生的压力把药液通过针管强行注入树体。一般在施药 10 天后药效明显,因药液能迅速均匀地分布到树体的各部位,充分被吸收,利用率高,有效期长,用于治疗果树缺素症,药效期可达 2~3 年。

对于高大的树和珍贵的古树,可在近地面暴露的基干上进行注射(图 2-100)。或在根区进行,把树根端部切断,切口与输药液管连接,用压力把药液压入树根,直接进入其导管的蒸腾液流中。但用材树一般应在采伐线以下注射,果树应在第一分枝以下注射。注孔数依据树木胸径而定,一般胸径小于 10 厘米者 1 个孔,11～25 厘米者对面 2 个孔,26～40 厘米者等分 3 个孔,大于 40 厘米者等分 4 个孔以上。

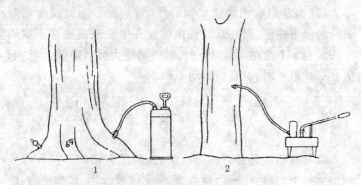

图 2-100　注射法

1. 基部注射　2. 树干注射

各地发展多种树干注入器,这里介绍 3 种。

(1)**XH 轻型高压树干注入器**　由重庆衡压刷握厂生产。操作时,将药液倒入药箱,用电钻或手摇钻钻一导孔,孔深3～7 厘米(根据树干胸径大小而定),将针头插入导孔(留 1 厘米深空隙,以防针头堵塞),利用柱塞泵产生的压力将药液注入,视树干粗细,一般注药液 50～300 毫升,注射完成后用木塞或泥土堵孔。

(2)**J2-3 型手压式树干注射机**　由手压泵产生压力,将药液注入树体,压动 1 次可注液 25 毫升,可连续压动连续注液。如每株树注液 50～100 毫升,仅需 2～5 分钟。有关该机的选购和使用问题,可向天津市国营农场局科技处联系(邮编:

300074)。

(3)锦源牌6HZ系列树注射机　由徐州市森林病虫害防治检疫站与南京林业大学等单位合作开发生产,已获国家林业局鉴定。图2-101为6HZ-2020A型高压树干注射机。

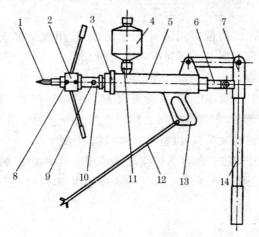

图 2-101　6HZ-2020A 型高压树干注射机

1. 针头　2. 回转手柄　3. 压力表　4. 药瓶　5. 机体
6. 柱塞支承座套　7. 加力杆座　8. 固定螺钉　9. 定位螺钉
10. 出药阀体　11. 进药阀体　12. 支撑杆　13. 手柄　14. 柱塞泵手柄

2. 打孔注射法　用钉或小动力打孔机(汽油机、电动机)在树干基部20厘米以下打小孔1～5个,深达木质部3～5厘米,小孔向下斜30°。用滴管、兽用注射器或专用定量注射枪将农药液缓慢注入树体。也可在手动喷雾器的喷管头上安装锥形空心插管,并把它插紧于孔中,打气加压输药液,当打气费力时即可停止输药液,并封好孔口。

3. 自流注入法　仿照医疗上的输液法,用输液瓶盛药液挂在树上,把针头插入树体的韧皮部与木质部之间,利用药液自上而下流动的压力,把药液徐徐注入树体内(彩图24)。

4. 虫孔注射法 为害果树和树木的天牛、木蠹蛾、吉丁虫等害虫,常钻蛀干枝,蛀食树体,形成若干孔洞。可用医用或兽用注射器把药液直接注入有虫的虫孔内,再用泥土封堵孔洞。

注射用的药液需用冷开水配制,不宜用池塘水或井水。药液浓度依据病虫种类和树木耐药性而定,可通过当地的防治试验或农药标签的规定而确定。一般防治林木病虫可取15%～20%有效浓度,对果树可取10%～15%有效浓度。在病害严重地区,配制杀虫剂或植物生长调节剂的药液里应添加某种广谱性杀菌剂,以防伤口被病菌感染。

树干注射法宜在春季树体液流动至冬前树木休眠期间进行。结果果树应在采果前40～50天停止用药,避免农药残毒。

(二)土壤注射法

土壤注射法是将易挥发的液体农药注射到表土层以下,防治土传病害、线虫以及栖息在土壤中生活或越冬的害虫。注射方式有两种。

1. 用手动土壤注射器以点施方式进行小面积土壤消毒 施药时操作者松开注射杆,活塞即提升,药液流进唧筒。握住手柄,把注射器插入土壤,手压注射杆,使活塞下降将药液压入土壤中,同时注射嘴自动关闭,停止喷药。拔出注射器,移到另一点注射。一般每台手动土壤注射器(图2-102)每天能处理约0.5公顷土地。

2. 拖拉机悬挂式土壤注射机以条施方式进行大面积土壤消毒 机上按施药行数,每行装1个凿形铲,由1个小型低压液泵将药液输送到每个计量射口并喷射入土壤(图2-

103)。驾驶员可通过流量计监视施药状况。

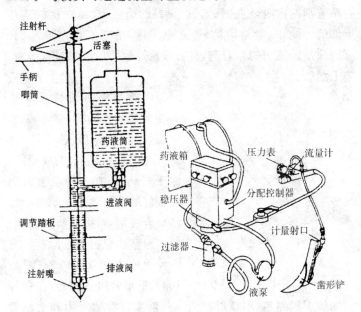

图 2-102　手动土壤注射器　　图 2-103　悬挂式土壤注射机

(三)涂 抹 法

涂抹法是将药液涂抹在植株的某一部位上。涂抹用的药剂为内吸剂或是能比较牢固地粘附在植株表面的触杀剂,通常需要配加适宜的粘着剂。按涂抹部位划分,涂抹法可分为涂茎法、涂干法和涂花器法 3 种。

1. 涂茎法　利用内吸剂的向顶性输导作用,把药液涂抹在作物幼株的嫩茎上,防治叶部的病虫害。或直接涂在杂草嫩茎上,防除杂草。

在我国用涂茎法防治棉花害虫较为普遍。一般是在棉花幼株期,用毛笔或端部绑有 2 厘米左右长棉絮的竹筷,蘸取加有粘着剂的内吸杀虫剂(如氧乐果)的药液,涂抹在棉株茎秆下部的一侧,一般是横涂,不必上下涂,更不必绕茎涂一圈。配制涂茎药液用的粘着剂,多为聚乙烯醇,也有用淀粉、面粉、羊毛脂的。

用涂茎法防治黄瓜菌核病。当茎节发病时,将 50%二甲菌核利(腐霉利、速克灵)可湿性粉剂加 50 倍水调成糊状,涂于患病处,在病情较重时仍有较好的治疗效果。如与喷雾法结合使用,可提高防治效果。

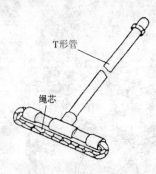

图 2-104 手持式杂草抹药器

涂茎法也可用于除草。有一种手持式杂草抹药器(图 2-104),T 形管做盛药器,在横杆两端插 1 根绳芯,用螺母拧紧。药液靠自身的重力和毛细管作用,从 T 形管中流出,浸透绳芯,涂抹杂草顶部,内吸除草剂如草甘膦被吸进杂草体内,输送到各部位,杀死杂草。

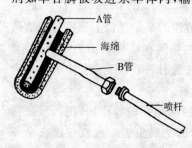

图 2-105 涂抹器构造示意图

新疆塔里木农垦大学研制的涂抹器,在 T 形管(图 2-105 中的 B 管)的一端焊上一个和工农-16 型喷雾器喷杆端部螺纹相匹配的螺母。使用时,拧去工农-16 型喷雾器的喷头,按上涂抹器,加入药液,喷雾器的压力保持在药液能湿润海绵而不渗漏成滴为止。在棉田用 10%草甘膦水剂按 1：5 稀释并加适量的柴油或洗衣粉,涂抹行间杂草,效果很好,特别是对棉田多年生宿根性杂草的防效优于其他方法。

2. 涂干法 此法仅适用于树木。在树干基部涂抹一圈触杀性杀虫剂,害虫向树干上爬行触药而中毒死亡(图 2-106)。

如用内吸剂(如氧乐果)涂干防治松干蚧有良好的防治效果:在离地面 1 米高的树干处,刮去老翘皮,宽 20 厘米,形成分布于树干两侧的两个上下错开的半圆形环,随即用油漆刷把药液涂抹在韧皮部上。用氧乐果、甲拌磷等内吸剂在树干分杈下涂 20 厘米药环防治苹果绵蚜、黄蚜等苹果前期害虫,持

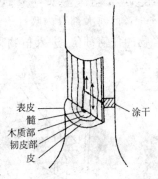

表皮
髓
木质部
韧皮部
皮
涂干

图 2-106　内吸杀虫剂涂树干
(箭头表示药剂传导方向,
长短表示速度)

效期可达 15 天。用 5.7％氟氯氰菊酯乳油、2.5％氯氟氰菊酯(功夫)乳油或 50％敌敌畏乳油以 10 倍的柴油稀释后涂在树干上防治黄斑星天牛,效果都很好。

涂干法用于防治病害,多为涂抹刮治后的病疤,防止病疤复发或蔓延。例如,苹果树腐烂病刮治后涂抹福美胂、腐必清、腐烂敌等杀菌剂;桃、李、杏、梅、樱桃等的流胶病,在刮去流胶后,用石硫合剂涂刷树干;柑橘膏药病、脚腐病、流胶病,刮削病斑后,用石硫合剂涂抹病部等。

3. 涂花器法 此法主要用于瓜果类。为提高坐果率,用药涂抹花器,保花保果。例如,西瓜开花的前 1 天或开花当天,用吡效隆涂果柄一圈;脐橙谢花后 3～7 天及 25～35 天,

用吡效隆涂果梗蜜盘各 1 次,防止落果;黄瓜、南瓜开花时,用防落素涂抹雌花的柱头,以保花保果等。

(四)包 扎 法

目前大部分内吸性农药是向顶性输导,即将药剂施在植物的任何部位,进入植物体后都向顶梢转移,而不能向下转移。包扎法就是利用药剂的这种向顶输导的特性,将药剂用吸水性材料吸收后,包裹在树干周围,或把药液涂刷在树干周围,再用防止药液蒸发的材料包扎好,让药剂通过树皮进入树干内发挥药效作用。操作时,在树干离地面的 1/2 处左右,将树干的老翘皮刮去一圈,露出白皮,用脱脂棉、旧棉布或粗纸等吸水性材料敷贴(或包)在白树皮部位,再注入药液,最后用有色塑料布包裹盖住,用绳扎住上下两端(图 2-107)。或者把较浓的药液用排笔(或刷子)均匀涂刷在刮后的白树皮上,再用塑料布包裹、扎紧上下两端。

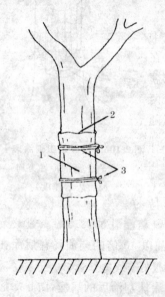

图 2-107 包扎法
1. 包扎材料 2. 内层吸水性材料
3. 紧固绳

包扎法虽简便易行,但使用不当,往往易对树木产生药害,因而在使用前一定要先进行少量试验,取得经验后再大量实施。同时还应注意以下几点。

第一，刮老翘皮的深度不宜过深，以见白皮层为准。刮深了，药剂灼伤树皮，会引起腐烂。

第二，涂药包扎的时间，以春季和秋初果树和树木生长旺盛季节为好，休眠期树的体液停止流动，包扎无效。旱季包扎效果不好，雨季包扎容易引起树皮腐烂。

第三，不是全株性的病虫，只包扎枝梢（可不刮翘皮），主干不用施药。

第四，为防止果实内的农药残留量超标，对结果的果树包扎的时间至少要距采果 70 天以上，剧毒农药只准用于未结果的幼年果树上包扎。

(五)诱引法

利用具有诱引作用的物质，单用或与杀虫剂混合使用，诱杀害虫。例如，用糖醋、蜂蜜等与杀虫剂混合的药液，诱引害虫趋来取食而杀之，常用的是 1% 敌百虫毒水加少量糖诱杀家蝇、厩蝇和蟑螂。诱引法可相对集中地用少量药剂，不必全面施药。

在农业上应用较多的是以性诱剂的诱引法。在果园使用桃小食心虫性诱剂、梨大食心虫性诱剂、苹果蠹蛾性诱剂、柑橘小实蝇性诱剂等，一般一个果园仅需设立诱捕器 3～5 个即可收效。棉红铃虫性诱剂（又叫信优灵），每 10 平方米面积用 10 厘米长的药棒 1～2 支挂在棉株上即可。性诱剂主要用于测报害虫发生期和监测种群数量变化，指导害虫的防治；或用于干扰成虫交配的迷向防治；少量可用来直接诱杀，达到防治的目的。

(六)虫孔堵塞法

为害果树和树木的天牛、木蠹蛾、吉丁虫等害虫,钻蛀树干,蛀食树体,造成若干孔洞。可用脱脂棉蘸农药药液塞入虫孔内,再用泥土封堵洞口,以毒杀害虫。

用毒签堵塞法防治天牛是当前经济、安全、效果好的防治办法。用江苏省淮阴市农科所生产的天牛熏杀棒,堵塞最后一个天牛排粪孔。对受天牛为害严重的树,将树体虫道划开,塞入磷化铝,用黏泥封闭。

(七)覆膜法和挂网法

这两种施药方法主要用于果树。

覆膜法是在果树坐果时,对果实施一层覆膜药剂,使果面包覆一层薄的药膜,起防止病虫危害的作用。此法是代替套袋的。覆膜剂在国外早已商品化,我国已由山西省果树研究所研制,山西大正种子有限公司生产的果康宝为果树保护剂,用于代替果实套装,可在幼果期、果实膨大期对果实各喷1次200～300倍液,能使果实表面光洁无病,提高商品性能。

挂网法是用纤维线绳编织的网,浸渍较高浓度的药液后,张挂在果树上,似蜘蛛网,以防治害虫。这种方法用药量少,药效期长,可减少施药次数。

(八)条带间隔施药法

在田间施药时,使施药带与不施药带相间隔,可见这是使用农药的一种方式,而不是施药方法。

第一,在较大面积进行害虫化学防治时,为保护天敌,给天敌保留一小片食物或寄主的空间地带。可按地形划分成条带状,一条带施药,另一条带不施药,这样相间隔循环实施。经过一定时间后再施药时,将施药带与不施药带互换,即前次的施药带这次不施药,仅对前次未施药带施药。若在农药中添加引诱剂,还可将未施药带的害虫引诱到施药带上来。

第二,在未封垄的宽行距作物田里作物是条带状,对地面覆盖率很低。例如,4叶期以前的棉苗对地面覆盖率仅为10%～15%,定植后6～7叶期的黄瓜幼苗对地面覆盖率也只有25%～30%,可采用适合的方式将药只施在苗条上,而行间空隙不施药,能节省1/2～2/3的农药。

第三,在作物生育期施用非选择性除草剂,如在玉米、大豆、小麦生育期施用百草枯防除行间杂草,在棉田施用草甘膦除草等。为防止产生药害,可利用作物和杂草在地面分布的差异,采用定向喷雾或加保护罩的保护性喷雾(图2-108),仅喷行间杂草,不让药雾接触作物。

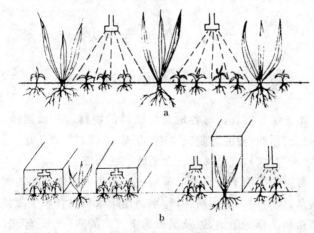

图2-108 定向喷雾和保护性喷雾

a. 定向喷雾　b. 保护性喷雾

第四，果园化学除草，沿树盘条带状施药，仅杀灭树盘内的杂草，而保留行间杂草，或保护行间套种的作物。

第五，在草原采用飞机撒施杀鼠剂毒饵（丸），仅在条带间隔撒施，而不需全面撒施。

（九）埋瓶法和灌根法

1. 埋瓶法　此法主要用于治疗果树缺素症。在碱性土壤矫治枳砧柑橘缺铁黄化花叶病时，挖开树盘土壤，剪断2～3根直径2～5毫米的细根，插入瓶装的柠檬酸铁或硫酸亚铁的药液中，并用塑料薄膜封瓶口，再将瓶立放埋于土内。

2. 灌根法　灌根法是将药液浇灌到作物根区的施药方法。主要用来防治土壤害虫、土传病害或给作物施植物生长调节剂，如防治棉花枯萎病、黄萎病、多种作物种蝇、根结线虫等。防治病害用的杀菌剂必须具有较好的内吸性。

十一、其他施药方法

（一）毒土法

毒土法是把农药与各地农村易得的物料（细土、细沙、尿素、麦壳、稻糠等）混匀制成毒土（毒壳、毒糠），撒施于地表、水面、播种沟（穴），或与种子混合播施的施药方法。

毒土法多用于防治地下害虫或防治为害作物基部的害虫和杂草，极少用于防治病害，特别适用于水稻田和水生蔬菜田的害虫和杂草的防治，以及旱田地下害虫的防治。近年来，云南省玉溪地区植保站试验推广井冈霉素毒土法防治玉米纹枯病，在相同用药量的情况下，其防病效果略优于喷雾法。具体做法是：每 667 平方米用 20％井冈霉素可溶性粉剂 200 克，拌过筛细土 20 千克，于发病始期点入玉米喇叭口内。

配制毒土用的农药剂型主要是粉状制剂和颗粒剂，而液态剂型乳油、水剂用得也较多。配制毒土用的细土等物料的用量，若是配制供撒施用的毒土，每 667 平方米用 15～20 千克，如配制与种子混播用的毒土，则每 667 平方米用 5～10 千克。配毒土多采用搅拌的方法，关键是要搅拌混合均匀，才能保证药效，防止药害。配制时以采用 2 次稀释法为宜，即先用少量细土与药剂拌和，再与余下的细土拌和均匀，所用细土要具有一定的湿度，以手捏成团，落地散开为准。若用液体农药配制毒土，边喷边与干细土拌和，药喷完后仍继续搅拌一会儿，直到拌和均匀，不能有团粒存在。配制好的毒土堆闷 3～4 小时，使药剂充分粘附在土粒上。

（二）泼 浇 法

泼浇法是用大量的水稀释农药，用洒水壶或瓢把药水泼洒到农作物上或果树树盘下面，利用药剂的触杀或内吸作用防治病、虫、草害的施药方法。此法用药量比喷雾法稍多，用水量比喷雾法多达 10 倍，一般每 667 平方米用水 400～500 升。

泼浇法在稻田使用最多，主要是用内吸性强的杀螟硫磷、氧乐果、毒死蜱等有机磷杀虫剂，以及杀虫双、杀虫单等采用泼浇法施药防治水稻螟虫。当用除草剂处理土壤时，常采用泼浇法，对表土较干的旱地，因泼水量大，水可充分渗入土表层。在果、林苗圃常采用泼浇法防治地下害虫、炭疽病、立枯病及杂草。在旱地开沟泼洒药液，是北方防治花生线虫病常用的施药方法。

(三)甩瓶法(撒滴法)

甩瓶法是利用药瓶上带有撒滴孔的特制内盖,直接把瓶中的药剂甩撒到田水中。甩瓶法需有专用农药剂型,叫撒滴剂,它含有一种名叫水面扩散剂的特殊助剂,使农药入水后迅速扩散,布满全田。这种新型的加工制剂在发达国家农药产品中已占有一定的比例,如除草剂恶草酮(恶草灵、农思它)、氟乐灵、禾草特(禾大壮)等,在国内也有由中国农业科学院植物保护研究所研制、安徽华星化工集团生产的18%杀虫双撒滴剂。

商品撒滴剂是装在特制的撒滴瓶里的浓药液,药剂和瓶是一个包装整体,使用时无须对水稀释,打开瓶的外盖,即可进行甩撒施药。具体操作举例说明如下:用12%农思它乳油(撒滴剂)防除稻田杂草,施药时先把瓶上的封蜡刮掉,露出3个撒滴孔,从距前进方向的田埂3~5米远下田,向前走1米开始甩瓶,每前进4~5步,向左右各甩瓶1次,甩幅约为10米,当走到离田边约2米时停步。转头隔10米再甩。如此来回甩,直到全田甩满为止。

用18%杀虫双撒滴剂防治水稻害虫,施药时手持药瓶,在田间或田埂缓步行走,左右甩动药瓶,使药液从瓶盖撒滴孔撒入田水中即可。处理每667平方米稻田只需5~10分钟,不需强劳力,老、弱、妇女都能作业。施药时间不受天气条件的影响和限制。为使药剂入水后能迅速扩散,用撒滴剂时田里应有4~6厘米水层,施药后保水3~5天。

(四)滴 加 法

滴加法就是把药液滴加到灌溉水中的一种施药方法。如在水稻田施用噁草酮防除杂草，可在灌水口处把药液滴加到水中，药剂随灌溉水分布到全田里，这是适合小农户生产采用的方法。但在农业集约化生产过程中，可采用滴灌、喷灌系统来自动、定量往土壤中施药，这种施药方法称为化学灌溉技术。实施时需在灌溉系统中增加贮药箱和药液回流控制阀，防止药液回流污染水源。例如，在温室采用此法施用威百亩，可以在灌溉系统上装配一个耐化学腐蚀的柱塞泵，泵的吸药口放入威百亩包装瓶中，排药口与滴灌系统管路相连，调整好威百亩流速和滴灌水的流速，即可将威百亩定量、均匀地随灌溉水施入农田（图 2-109）。

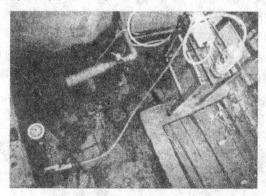

图 2-109　采用滴灌系统施用威百亩

采用滴灌系统滴加施药，药液渗入土壤后，在水平扩散的同时，由于土壤毛细管的作用还在向土壤下层渗透，药剂在耕作层土壤内分布较均匀；若采用大水浇灌滴加施药，药液在土壤表层水平扩散很快，而由于大水漫灌造成泥浆堵死了土壤内部的毛细管系统，药液向下扩散能力减弱，致使上层土壤药剂多，下层土壤少，分布不均匀（图 2-110）。

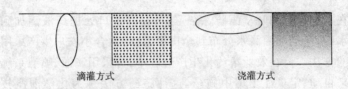

滴灌方式   浇灌方式

图 2-110   不同灌溉技术下,药液渗入土壤和在土壤中的分布形态

(五)浸 果 法

浸果法就是用药液浸果,目前主要应用在以下两个方面。

1. 促幼果膨大   用植物生长调节剂浸幼果,防止生理落果和促进果实膨大。例如,在猕猴桃谢花后 20～25 天,用吡效隆药液浸幼果,在葡萄谢花后 10～15 天用吡效隆浸幼果穗,均可促使幼果膨大,提高产量。

2. 果品防腐保鲜   一般在采果后,挑除虫果、病果,余下的好果用药液浸 30～60 秒钟,取出晾干、装箱,入库贮藏。主要用杀菌剂对果实进行消毒防腐,达到保鲜的目的,也有应用植物生长调节剂浸青果催熟的。